Non-Dispersive Infrared Gas Measurement

非色散红外气体测量

（美）雅各布·王（Jacob Y. Wong）
罗伊·安德森（Roy L. Anderson） 著

刘国宏 李建 肖艳华 等 译

化学工业出版社
·北京·

内容简介

本书第1章首先简要介绍了气体检测的必要性，以及交互式、非交互式气体传感器的各种分类。第2章介绍了红外气体传感器的有趣历史，包括一些著名的光谱学先驱，并介绍了红外气体传感器的最早实际应用。第3章是非色散红外气体传感器发展萌芽之后25年的进展，主要是本书作者之一Wong博士带领惠普公司的一个团队最终解决了医用二氧化碳监测的问题，发明了一种实用的呼吸监测仪。第4章列举了由Wong主导的一系列NDIR专利，这些专利预示着实用二氧化碳传感器的诞生，并实现了按需控制通风（DCV）。第5章是本书原著出版时的最新研究情况及展望。

本书适合气体、分析化学、应急、石油、化工、生物和医学传感器领域的高校师生以及相关科研院所、企业的研究人员、仪器工程师等人员参考学习。

Non-Dispersive Infrared Gas Measurement，first edition/by Jacob Y. Wong，Roy L. Anderson.

ISBN 978-84-615-9512-9

Originally published in Spain by IFSA Publishing, S.L. (C/ Esteve Terradas, 1, 08860, Castelldefels, Barcelona, Spain)

Published in 2025 under license from IFSA Pubishing, S.L.

本书中文简体字版由 International Frequency Sensor Association Publishing 授权化学工业出版社出版发行。

图书在版编目（CIP）数据

非色散红外气体测量 / （美）雅各布·王（Jacob Y. Wong），（美）罗伊·安德森（Roy L. Anderson）著 ; 刘国宏等译. -- 北京 : 化学工业出版社，2025. 2. -- ISBN 978-7-122-46867-3

Ⅰ. O659

中国国家版本馆CIP数据核字第20252MF882号

责任编辑：高　宁　仇志刚　　文字编辑：范伟鑫
责任校对：边　涛　　装帧设计：王晓宇

出版发行：化学工业出版社
（北京市东城区青年湖南街13号　邮政编码100011）
印　　装：北京捷迅佳彩印刷有限公司
710mm×1000mm　1/16　印张7¼　字数88千字
2026年1月北京第1版第1次印刷

购书咨询：010-64518888　　售后服务：010-64518899
网　　址：http://www.cip.com.cn
凡购买本书，如有缺损质量问题，本社销售中心负责调换。

定　　价：98.00元

译者前言

非色散红外（non-dispersive infrared，NDIR）检测法以气体对特定红外光吸收作为定性的依据，以朗伯-比尔定律作为定量的基础，不仅能够实时定性定量检测气体，而且具有检测范围广、检测精度高、使用寿命长和光学元件不易老化等优点，在煤矿安全、空气检测和环境控制等领域均起到重要作用。

*Non-Dispersive Infrared Gas Measurement*一书详细阐述了NDIR气体传感技术的起源、发展以及现状，尤其是对NDIR气体传感技术的原理和NDIR气体传感器的局限性进行了深入分析。译者课题组长期从事二氧化碳、一氧化碳、甲烷等气体的分析检测科研工作，在开发NDIR气体传感器的过程中，遇到信号输出不稳定以及随时间漂移等问题，虽然通过条件优化有了一定改进，但是并未从原理上得到解决。我们广泛查阅资料，发现该书对NDIR气体检测有详细、深入的阐述，在阅读过程中受益良多。在本领域，国内研究不多，国外相关图书也极少。尽管该书原著出版距今时间较久，但理论知识全面，对国内目前科研人员的研究仍有诸多的指导和启发，尤其是对分析化学、航空航天、应急管理等领域人员有一定的帮助。因此，我们对该书进行翻译出版，旨在为国内从事NDIR气体检测的同行提供更多参考，对推动现场实时检测技术及设备的发展有着重要的意义。

本译著主要由刘国宏、李建、肖艳华等翻译，其中刘国宏负责翻译工作的筹备和整体规划，李建负责翻译第1章，肖艳华负责翻译第5章。此外，吴为辉和李达学负责翻译第2章，李丹萍、陈子明（31607部队）负责翻译第3章和第4章。徐玉茹参与翻译第1章，张鸿鹏参与翻译第5章。吴为辉和张鸿鹏对本译著进行校对。

译者

2025年12月

序

红外光谱法为分析实验室提供了以相对简单的方式识别和定量气体混合物成分的基本方法。除了对称的双原子分子外，大多数分子都具有“红外活性”，也就是说，它们吸收与分子的振动和转动方式相关的特定能量的红外光。简单分子具有较少的特征吸收峰，易于识别，而具有更多键的更复杂分子具有更多吸收峰。为了覆盖可能吸收峰的全部范围，实验室仪器最初采用色散元件，典型的是光栅，扫描感兴趣的波长。如今，由于速度和信噪比的提高，傅里叶变换红外光谱（FTIR）已经取代了大多数色散红外光谱，但代价是仪器更复杂了。

红外光谱令人印象深刻的分析能力可被用于制作微型传感器，这种传感器用来检测有限几种但非常有用的气体。非色散红外（NDIR）传感器使用滤光片来选择一条或最多几条对应于二氧化碳、水、碳氢化合物等的吸收波长。尽管概念很简单，但事实证明，构建一种在老化和环境因素的影响下仍能维持其测量性能的NDIR传感器是一项富有挑战性的任务。然而，在过去的几十年里，Wong博士一直致力于设计非常实用的NDIR传感器。本书介绍了他和他的合作者完成这项工作的历程。

《非色散红外气体测量》首先简要介绍了各种气体检测技术。传感器的发明和开发仍然是许多专业期刊和会议的主题。住宅、商业、汽车、军事和工业等领域对改进传感器技术的需求推动了这一主题的发展。大多数已发表的论文都报道了基于某些材料与气体相互作用时性质变化的传感器（本书中称为“交互式”)。这种传感器的重现性取决于材料的稳定性，材料几乎总是会随着时间的推移而降解。

另一方面，基于物理的传感器依赖于被检测气体与传感器的某些物理相互作用的可检测变化（本书中称为“非交互式”)。大多数高质量的分析仪器都属于物理相互作用。NDIR传感器属于基于物理相互作用的传感器，如果设计得当，随着时间的推移，这些传感器通常是最可靠的。

第2章介绍了红外气体传感器的有趣历史，不仅包括一些著名的光谱学先驱，如William Herschel和John Tyndall先生，也包括因发明电话而几年后出名的Alexander Graham Bell。红外气体传感的最早实际应用之一是Tyndall对人呼吸中二氧化碳的定量检测（1864年)。一百年后，Wong博士带领惠普公司的一个团队最终解决了医学领域患者呼出气体中二氧化碳监测的问题，发明了一种实用的呼吸监测仪，这种类型的仪器为医学界服务了近二十年（第3章)。二氧化碳监测仪的开发和命名表明，即使最初的研发目标受挫，巧妙的技术创新仍能带来良好的商机。

Wong博士在美国专利局拥有100多项专利。第4章列举了由Wong主导的一系列NDIR专利，这些专利预示着实用二氧化碳传感器的诞生，并实现了按需控制通风（DCV)。由于DCV装置不能采用医用二氧化碳监测仪中使用的技术方案，因为后者采用的精简化设计会使传感器需要对信号漂移进行校准，而现场技术人员频繁重新校准的费用过高会极大限制DCV的应用，直到Wong博士提出了自动背景校正（ABC）方案，才一定程度上突破了这个技术瓶颈。

设计创新有望实现用于DCV、湿度控制和安全目的的NDIR传感器的驱动力和可能性激增。第5章表明，涉及组件不可避免的退化和漂移问题可以得到补偿。因此，对于许多应用来说，重复校准之间的时间间隔可以大大延长，甚至无需重复校准。到目前为止，DCV的广泛实施一直受到维护成本的阻碍。如果需要校准，Wong博士发明了一种方法，只需使用环境空气而不需使用校准气体来实现这一点。此外，由于难以维持校准，绝对湿度检测一直难以实现。本章中讨论的改进有可能改变暖通空调（HVAC）行业。大批量制造应该可以降低成本，并促进更广泛的部署。高批量制造将允许微制造的光源和检测器取代其效率较低的上一代产品。我们可以构设用于火灾、甲烷、一氧化碳、污染物和有毒气体检测的廉价自检安全传感器。

对气体传感器感兴趣的读者将受益于本书。关于NDIR传感器的大部分已知内容都是有所有权的，关于其发展的报道很少。作者对它们的发展与应用的介绍看似轻松有趣，但也有力证明了成功是需要坚持再加一点点好运的。

R.J.Bruce Warmack

田纳西州橡树岭国家实验室高级研究员

2012年3月

目录

第1章

NDIR 气体检测

1.1 气体检测的必要性

1.2 交互式气体传感器

1.3 非交互式气体传感器

1.1 气体检测的必要性

我们生活在一个气体世界。我们吸入空气获取氧气，呼出二氧化碳，摄入食物，以维持新陈代谢，产生我们生存所需的能量和水。但我们的呼吸系统，包括气管和肺，允许各种形式的气体毫无区别地进入我们的身体。人类很早就意识到，某些气体浓度过高可能会对人体造成不良影响，在某些情况下人吸入这些气体后甚至可能致命。但是，在相当长的历史时期，人们都不能真正理解为什么会这样。目前尚不确定究竟是何时拥有了足够的知识来揭开这个生命之谜，并开始开发各种方法来探测不同种类的气体并检测它们在空气中的浓度。人们普遍认为，这不可能早于500年前！但人们也相信，一旦开始，人们就会不断开发新的更好的方法来理解这个生命之谜。此外，多年来，人们还继续利用这一知识来控制他们所知道的气体，无论何时何地，只要有机会，就会利用这些气体。

为了健康和生存，除了需要识别空气中的不同种类的气体并检测其浓度水平外，人们还发现，空气中某些气体在适当浓度下进行燃烧，产生的热量可以用于御寒。虽然燃烧有时非常有益，但他们也发现，如果不加以控制，燃烧也可能具有极大的破坏性。人们还发现，如果这些特殊气体在空气中浓度过高，也会导致致命的爆炸。总而言之，很明显，几乎从第一次掌握这些知识的时候起，人们就一直在试图确定周围空气中的气体种类。人们也一直在努力检测这些气体的浓度水平，目的是无论何时何地，一旦遇到这些气体，能够充分加以利用。

几个世纪以来，人们一直在不断地尝试发展各种方法，这些方法不仅可以用于识别气体，还可以检测其在空气或其他特定气体环境中的浓度水平。从当今气体检测技术的角度来看，依据复杂程度和应用领域，所有方法都可归于以下两大类。

第一类称为“分析仪器”，包括质谱法、傅里叶变换红外光谱法、气相色谱法、拉曼光谱法、非色散红外光谱法（non-dispersive infrared, NDIR）和可调谐半导体激光吸收光谱法（TDLAS）等气体分析技术。此类气体分析仪器通常结构复杂且价格昂贵。以上述技术为基础的分析仪器主要用于工业化领域，如重型机械制造厂、石化炼油厂和加工厂、制药和化妆品厂、科研实验室等。事实上，在这些应用场景中，这类仪器不只用于简单的气体检测，更多的是检测其他物质，例如那些能够气化而不分解的物质等。

第二类称为“传感器和监测器”或仅称为传感器。传感器的应用与第一类完全不同。传感器的主要功能是用于安全和/或安保监控。它们的使用量远远超过第一类分析仪器。因此，传感器通常结构简单、体积小巧且成本低廉，同时具有紧凑的设计特点。

1.2 交互式气体传感器

属于第二类气体检测技术的传感器主要有两类——“交互式”和“非交互式”。对于交互式气体传感器，气体必须与传感器元件发生物理或化学作用。待测气体实际上通过氧化、还原、物理吸附等作用与组成气体传感器的一个或多个组件（例如电极、电解质、传感表面等）接触。本质上，随着时间的推移，这种相互作用会耗尽或传感器会发生改变，导致需要重新校准并最终更换传感器。这些类型的传感器由于其交互性质，也可能受到其他气体的影响，这些气体可能会使待测气体测量值偏大或偏小，或者在某些情况下可能会完全污染传感元件。下面列举了最常见的交互式气体传感器并展开讨论。

1.2.1 电化学气体传感器

电化学气体传感器是目前使用的最重要的一种交互式气体传感器。安培型传感器通过在传感电极上氧化或还原目标气体并检测产生的电流来检测目标气体的浓度。另一种电化学气体传感器检测电压，称为电位式传感器。安培型传感器通常包含两个与电解质（通常为无机酸）接触的电极。传感电极通常是通过将比表面积大的贵金属（例如用于检测CO气体的铂）沉积在疏水多孔膜上制成的，该疏水多孔膜用作隔离电解质与待检测的环境空气。目标气体通过多孔膜的背面扩散到传感器中，到达传感电极，在那里被氧化或还原。这种电化学反应产生通过外部电路的电流。除了检测、放大其他信号处理外，双电极传感器的外部电路还需保持传感电极和对电极之间的工作电压，以驱动电化学反应。在对电极处，会发生电量相等且方向相反的电极反应，因此，如果传感电极是氧化的，则对电极是还原的。

电化学气体传感器技术已有数十年发展历史，其核心特征在于对多种气体浓度低至百万分之一（ppm，$\times10^{-6}$，此为体积分数，下文中无特殊说明均为体积分数）范围内的高度特异性气体检测能力。虽然电化学气体传感器具有许多优点，特别是在尺寸和单位成本方面，但它们并不适用于所有气体。尽管通过待测气体与传感器中的另一种物质相互作用，然后产生响应，也可以间接检测电化学惰性气体，但由于检测机制涉及气体的氧化或还原，因此电化学传感器通常仅适用于电化学活性气体。二氧化碳（CO_2）电化学传感器就是一个例子，它使用金属碳酸盐作为气敏电极，但由于其更复杂的传感器设计和较高的单位成本，因此从未得到广泛应用。

电化学气体传感器的缺点包括：①存在交叉灵敏度；②使用寿命相对较短且不可预测；③传感器输出信号可能会随时间漂移；④除了不能预测其使用寿命之外，也缺乏对其他功能的自动自我功能。尽管存在上述缺点，电化学CO传感器的发展在过去十年还是取得了长足进步。如今，它们的灵敏度、随时间变化的输出稳定性和使用寿命（至少7年）都足够好，可以有效地用作家用CO警报。但还需要做更多的工作，以进一步提高它们的检测灵敏度、输出稳定性，甚至延长至更长的使用寿命（最少10～15年）❶。

1.2.2　固态电导率气体传感器

这种类型的传感器原理是气体与特殊涂层和加热表面作用而引起电阻变化。金属氧化物具有在化学和热稳定性方面的优势，多用作制作该类型传感器材料。在大约500℃的温度下，许多金属氧化物的电阻值在很大程度上取决于其附近某些气体的浓度。在200～500℃的温度下，具有n

---

❶ 译者注：本段所述过去的十年及目前的发展及使用寿命是以本书原著出版的2012年的发展情况为基准。

型电子载流子的金属氧化物，如SnO_2、ZnO_2或Fe_2O_3，主要对还原性气体，如H_2、CH_4、CO或H_2S，作出反应，增加其电导率。相反，p型半导体，如CuO、NiO或CoO，主要对氧化性气体，如O_2、NO_2和Cl_2，作出反应。在这种类型的传感器中，最著名的是基于SnO_2的Taguchi气体传感器（Taguchi gas sensor，TGS）。几十年来，TGS在日本被广泛用作可燃气体和有毒气体检测器，也被安装在许多日本家庭的火灾报警器中。

固态电导率气体传感器的气体特异性比电化学气体传感器低得多，而且通常灵敏度较差。检测信号长期漂移是不可避免的，主要表现为晶界处的扩散和烧结效应。固态电导率气体传感器往往对湿度和温度更敏感，但其使用寿命可能比电化学气体传感器（4 ～ 7年）更长。固态电导率气体传感器检测气体浓度范围很宽，但由于检测不同气体时存在交叉敏感性和非特异性，因此尚未在日本以外的地区广泛使用。

1.2.3 光电离气体传感器

这种类型的传感器原理是通过光电离（PID）的工艺来检测挥发性有机化合物（volatile organic compound，VOC），主要涉及室内空气污染监测和某些工业应用。该工艺利用紫外线光源电离目标VOC分子。释放出来的离子随后通过信号放大电路，该电路本质上是对离子进行计数，从而指示气体浓度。这种类型的传感器不能区分不同的气体，但可以识别所有超过目标电离水平的气体，这在很多情况下有助于指示相对毒性。PID传感器是非破坏性的检测器，不会明显地破坏或消耗检测到的成分。然而，当在高湿度环境或者存在高浓度的甲烷等化合物时检测，PID传感器产生的信号可能会被猝灭。这种衰减是由于水、甲烷和其他具有高电离电位值的化合物能够吸收紫外线灯发射的光子而不会产生离子电流。换句话说，这将减少可用于电离目标分子的高能光子的数量。典型的PID传感器检测VOC和其他气体的浓度范围为1×10^{-9}到1×10^{-2}。

1.2.4 火焰离子化气体传感器

顾名思义，这种传感器的分析涉及离子的检测。因此，它们在操作原理上也类似于PID传感器。然而，对于火焰离子化（FID）传感器，离子源是一个小的氢气-空气火焰，因此FID传感器会破坏大部分甚至全部被检测物质。相反，对于PID传感器，离子来自紫外线光源产生的光电离的过程，待测物质在通过PID传感器后可以继续到达另一个检测器被再次检测。使用FID传感器时，大多数待测物质都已被破坏，无法进行进一步检测。

FID传感器是检测有机化合物的最有效手段，特别是碳元素含量高的生化物质，如蛋白质、核苷酸和药物。这意味着与其他传感器相比，FID传感器可以更容易地检测特定化合物，因为这类化合物的碳含量更高，并且FID在检测时具有突出的灵敏度。一般来说，FID传感器最适合检测碳氢化合物和其他易燃组分。FID传感器对这些成分非常敏感，并且在很宽的浓度范围内信号响应往往是线性的。

1.2.5 比色气体传感器

这种类型的传感器包含一种化学涂层，该涂层的颜色会随传感器接触的气体而变化。颜色会随着时间累积而变化。因此，凭借可观察到快速的颜色变化的优势，许多这类传感器被用作指示气体存在的简单报警器。一些气体传感器使用特殊的光敏元件来记录颜色变化用来确定当前的气体浓度。这些传感器目前在气体传感应用中占的比例较小。

1.2.6 燃烧式气体传感器

这种类型的传感器主要用于检测可燃性气体。该传感器由两个细铂线圈组成，每一圈都嵌在氧化铝珠（催化珠）中，通过惠斯通电桥电路连接。其中一个催化珠浸渍有促进氧化的特殊催化剂，而另一个则经过处理以抑制氧化。电流通过线圈，使其达到催化珠易于发生气体氧化的温度（550 ～ 550℃）。可燃性气体的通过会使温度进一步升高，从而增加催化珠中铂线圈的电阻，导致电桥的不平衡。对于大多数可燃性气体，该输出变化是线性的，直至超过100%LEL（爆炸下限），检测报警水平（约20%LEL）检测响应时间仅需几秒。氧化反应需要至少12%的氧气（按体积分数计）。这种传感器的使用寿命通常为3年，需要定期校准，主要应用于石化加工和处理中。

1.3 非交互式气体传感器

在上述交互式气体传感器中，待检测的气体通过与气体传感器的一个或多个部件（例如电极、电解质、传感表面等）接触并发生氧化、还原、物理吸附等作用，而非交互式气体传感器对气体的检测不涉及上述过程。非交互性仅指气体在传感器检测之前和之后的状态没有明显变化。简单地说，非交互式气体传感器不会显著改变其检测气体的状态。

目前使用的几乎所有非交互式气体传感器都是光学气体传感器。所谓“光学”，是指只有电磁辐射或不同波长的光与被检测的气体接触才能进行必要的检测。辐射确实与气体相互作用，并且它的一部分甚至可以被气体吸收，使待测气体激发到激发态。激发的气体分子随后通过与样品室壁或与其他气体分子的碰撞迅速返回到基态，最终在检测过程后，待测气体本身没有发生任何物理或化学变化。非交互式气体传感器中使用的电磁辐射波长可以从紫外线（<0.3μm）一直到远红外线（>15.0μm）。电磁辐射可以是相干的，也可以是非相干的。下面将介绍一些最常见的非交互式气体传感器。

1.3.1　可调谐半导体激光吸收光谱气体传感器

可调谐半导体激光吸收光谱（TDLAS）是一种先进的气体检测技术，在近几十年内得到了充分发展。TDLAS使用可调谐半导体激光和激光吸收光谱技术检测气体混合物中气体组分的浓度。TDLAS气体传感器由可调谐半导体激光光源、发射光学元件、包含待测气体的样品室、接收光学元件和适当的检测器组成。其中，检测器的选择取决于所使用的半导体激光器的波长。可调谐半导体激光器的发射波长根据待测气体选定并在光路中实现调谐。所选吸收线必须在光谱上足够窄且强度足够强，以便可以通过光电二极管检测信号强度的降低来确定气体浓度和气体的其他特性，如温度和压力。

根据应用和调谐范围的不同，使用不同的半导体激光器。典型的例子是InGaAsP/InP（可调谐900nm ～ 1.6μm），InGaAsP/InAsP（可调谐1.6 ～ 2.2μm）等。TDLAS气体传感器直到20世纪90年代初才大量出现。但早在20世纪80年代末，本书的作者之一——Wong博士就是最早提出使用这项技术检测气态氧浓度的研究人员之一，该技术利用以7600Å为中心的“A”波段的一条锐线和GaAlAs半导体激光（Wong，1988a）。尽管TDLAS气体传感器目前广泛用于气相中组分的定量评估，但它所依赖的吸收光谱技术有其自身的局限性。从技术上讲，TDLAS技术的主要缺点是它在大背景中检测信号的微小变化。光源或光学系统引入的任何噪声都会降低该技术的检测能力。因此，直接激光吸收技术的灵敏度限制在约10^{-3}的吸光度，这对于许多类型的应用来说灵敏度是不够的。该技术的另一个局限性是制造传感器所需半导体激光器的可用性和高成本。

1.3.2 非色散红外：光声和光学气体传感器

TDLAS和非色散红外（non-dispersive infrared，NDIR）气体传感器都属于非交互式气体传感器。前者使用相干辐射，后者使用非相干辐射作为各自的光源进行气体检测。非交互式NDIR气体传感器有两种类型，即NDIR光声气体传感器和NDIR光学气体传感器。前者也称为光声光谱（photoacoustic spectroscopy，PAS），后者简称为NDIR。有趣的是，这两种气体检测技术基于相同的物理原理，即气体吸收红外光的能力。然而，相似之处也就到此为止了。我们将首先简要讨论PAS气体传感器，然后讨论NDIR气体传感器。

在PAS气体传感器中，待测气体被预选波长的调制光照射。气体分子吸收光能，并将其转化为可被麦克风检测到的声信号。红外光源只是一个加热的黑体。调制光通过光斩波器和滤光片后，被反光镜聚焦到PAS光声腔（样品室）的窗口上。斩波器是一个带槽的圆盘，可以旋转并有效地控制光路通断。光学滤镜是窄带红外干涉滤光片。

穿过窗口后，光束进入PAS光声腔。如果光的频率与池中气体的吸收带一致，气体分子将吸收部分光。池中气体的浓度越高，吸收的光就越多。气体吸收光能，温度上升，体积膨胀，压力增加。在斩波器的作用下，压力将交替增加和减少，从而产生声信号。为了获得更好的检测灵敏度，声信号通常由两个麦克风检测，PAS池两侧各一个麦克风。来自两个麦克风的电输出信号在经过处理之前先接入放大器中。但这种类型的检测对环境振动和压力的微小波动非常敏感。因此，由于现实环境中存在的振动和压力范围，很难利用PAS气体传感器制造低成本、稳定的气体检测平台。值得注意的是，PAS气体传感器的发展始于20世纪上半叶，是在许多电子元件、设备和集成电路（包括二极管、晶体管等）发明之前，那个时期对于物理原理在日常生活中的解释、效用和应用只能基于传统物理和化学知识，而随着20世纪下半叶电子工业开始发展，NDIR气体传感器的开发和成功应用也随之而来。

如前所述，PAS和NDIR气体传感器具有相同的工作原理，即红外光谱物理学。简而言之，所有气体分子由于其独特的分子组成，都以特定的可识别频率振动。这种振动/转动频率对应该分子对红外光谱中特定波长光的吸收，进而可以通过检测红外光在其相应波长下的吸收来检测目标气体。PAS技术通过非常灵敏的麦克风将这种红外光吸收转化为压力增加信号进行检测，而NDIR技术通过非常敏感的红外检测器（如热电堆）的输出信号直接进行检测。因此，根据传感器调谐到的波长，这种红外吸收方法可以检测各种气体。

从20世纪80年代开始，随着先进的电子元件和设备，特别是微处理器的普及，NDIR技术逐渐取代PAS技术来进行气体检测。该方法现在[1]被认为是自20世纪90年代以来气体检测的最佳方法之一。如今NDIR气体传感器的价格合理，应用广泛，还具有高度的气体特异性、高灵敏度、快速响应、输出信号随时间漂移小、坚固可靠、易于操作和维护等优点。

1.3.3 NDIR气体传感器简介

首先简要回顾NDIR气体传感器工作原理。NDIR气体传感器在气体检测中使用2～20μm的红外光谱，在这个范围内，许多气体特征振动/转动吸收具有峰宽窄、不重叠的特点。图1-1显示了红外光谱中一些常见和重要气体的红外特征。注意在图1-1中，大多数气体都具有自己独特的红外特征，因此可以制造对特定气体或混合气体选择性敏感检测的NDIR气体传感器。

---

[1] 译者注：本书中出现的“现在”“目前”均指本书原著出版的2012年时期。

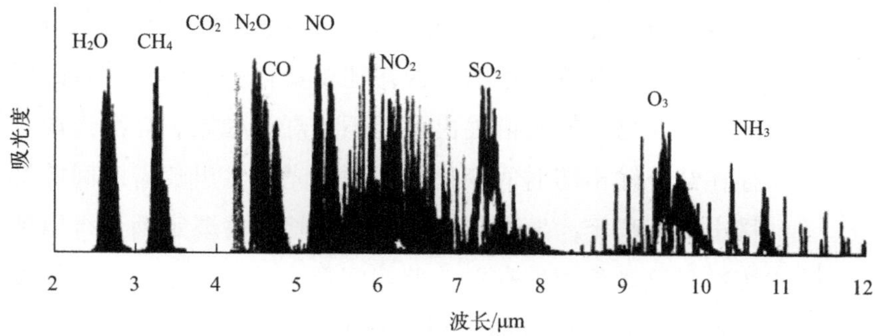

图1-1 红外光谱中各种气体的吸收特征

在了解了NDIR气体传感器的工作原理之后，我们再来说明它在气体检测中的实际应用。如图1-2所示，首先从构成基本传感器的四个组件开始，包括光源、波导管、红外滤光片和红外检测器。

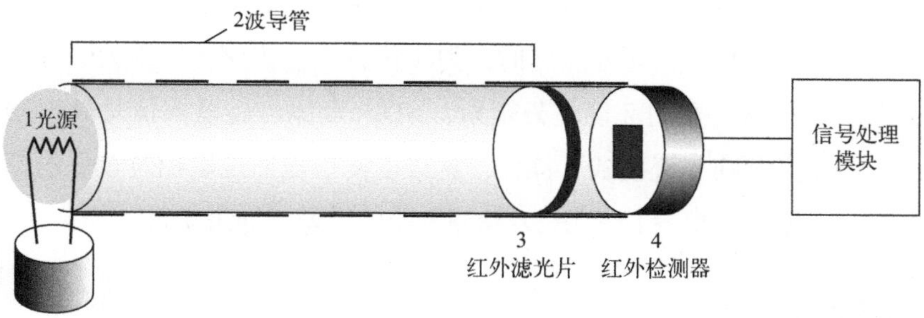

图1-2 NDIR气体传感器的四个基本部件

1.3.3.1 光源

光源1（图1-2）提供用于气体检测的红外能量。多年来的实践证明，最可靠的光源实际上是一个小型白炽灯（微型灯泡），它能发出包括红外能量在内的宽带能量。这种光源的唯一缺点是灯泡的玻璃外壳阻挡了波长超过4μm的大部分红外能量，这意味着红外光谱中的许多气体（见

图1-1）无法检测。还有其他非灯泡光源可以发出更长波长的辐射，但这些类型的光源往往要贵得多，而且随着时间的推移，它们的光谱输出可能不如灯泡稳定。灯泡光源也存在红外输出随时间变化的问题。光源输出随着时间的推移出现不稳定，导致传感器输出漂移，需要定期进行重新校准是这类传感器存在的普遍问题。几十年来，这个问题一直困扰着红外气体传感器行业。灯泡是一个准黑体源，会在红外光谱中辐射出宽波段的能量。替代源包括红外发光二极管（IRED）和MEMS源（微机电系统设备），其中红外发光二极管非常昂贵，但已经开始出现并使用。这些其他类型的光源的一个优点是它们的功耗可以比灯泡低得多，因为它们只在关注的光谱带中发射所需的红外能量。如今，灯泡仍然是NDIR气体传感器制造商可获得的最具成本效益和最可靠的红外光源，用于制造检测特征小于4μm的目标气体的传感器。同时，为了区分来自传感器周围大量存在却不需要的环境红外辐射，NDIR气体传感器的信号处理器必须在交流模式下操作，这可以简单地通过以相对较低的频率（典型的1 ～ 3Hz）脉冲工作的微型灯泡来实现。

1.3.3.2 波导管

在图1-2中，波导管2是将气体引入传感器的空间。它将气体置于光源辐射的光路中，光源辐射穿过波导管后到达设备另一端的红外检测器上。称其为波导管的原因是其内表面通常对红外辐射具有高度反射性，并将穿过气体的光聚焦到检测器上而不需要额外的特殊光学器件。因为如果使用特殊的光学器件可能会显著增加传感器的成本。待检测的气体可以通过过滤、泵吸或使用扩散膜三种方式进入波导管。扩散膜是一种被动过滤装置，允许气体分子通过过滤器，但阻止更大的颗粒进入传感器。滤除气体中颗粒是消除传感器漂移的主要方法，因为进入传感器内的粒子会使系统的光学特性（波导反射率）随着时间的推移改变，从而导致传感器信号漂移。还要重点注意的是，气体进入波导管的运动是基于扩散原理的，即气体分子在空气中均匀分布以达到均匀浓度的趋势。扩散膜对于气体分子就像开放的空气，分子可以根据传感器所在环境中的气体浓度轻易地进出波导管。

1.3.3.3 红外滤光片

图1-2中的红外滤光片3是一种非色散元件，其设计目的是只允许红外光源发出并在穿过波导管和待测气体样品后的光通过，以得到所关注的气体的吸收带。波导管中吸收该关键波长光的分子越多，通过滤光片到达检测器的光就越少。特定波长的光的减少与波导管中气体分子的数量相关，从而与空气中的气体浓度相关。值得注意的是，非色散红外气体检测技术的名称来源于使用了红外滤光片。这种多层薄膜滤光片在传感器设计中被认为是一种非色散元件，因为它不像棱镜或光栅那样在空间上分离波长。研究发现，光栅在光谱透射方面明显比棱镜更有效（好3～100倍，取决于棱镜材料的色散），而滤光片比光栅效率更高（通常好1000倍以上）。因此，与使用色散元件设计的传感器相比，使用光学滤光片的NDIR气体传感器具有明显的性能优势。因此，利用红外吸收的气体传感器的设计一直优先使用NDIR技术。

1.3.3.4 红外检测器

透过红外滤光片的特定波段光作用于红外检测器4（见

图1-2)。该设备类似于用于安全目的的运动传感器中使用的许多检测器。到达检测器的光的净增加或减少转换为被检测的气体浓度。我们将简要介绍NDIR气体传感器的这一特定组件。事实上，红外检测器本身涉及的问题非常广泛和复杂，可以很容易地写一两本相关的书。就NDIR气体传感器而言，可以说它检测气体的最终性能和单位成本通常视设计中使用的检测器类型而定。例如，可以为特定气体设计一个NDIR气体传感器，分辨率为$\pm1\times10^{-5}$，每个检测器的成本为10美元。如果使用另一个成本为1000美元、噪声性能（或其D_λ*值）高出100倍的检测器来设计NDIR气体传感器，当检测相同的气体时，分辨率会优于$\pm1\times10^{-7}$或好100倍。

1.3.3.5 将NDIR传感器组件组装在一起

在了解了NDIR气体传感器的基本组件的性能及其组合方式（见图1-2）后，我们参照图1-3逐步简要回顾一下NDIR气体传感器内部是如何进行红外检测的，即气体分子组成与检测信号的关联。图1-3（a）为红外气体传感器及其关键部件。图1-3（b）显示了当波导管内只存在少量感兴趣的气体分子时，传感器可能检测不到如此低的水平。图1-3（c）显示了当更多的目标分子进入波导管并吸收目标波长的红外能量时，通过红外滤光片到达检测器红外能量或光量的减少。图1-3（d）显示了当越来越多的分子进入波导管时，红外检测器检测的红外能量会进一步降低。图1-3（e）显示了当分子组成不同而具有不同红外特征的其他类型的气体进入波导管时，对传感器读数没有影响。

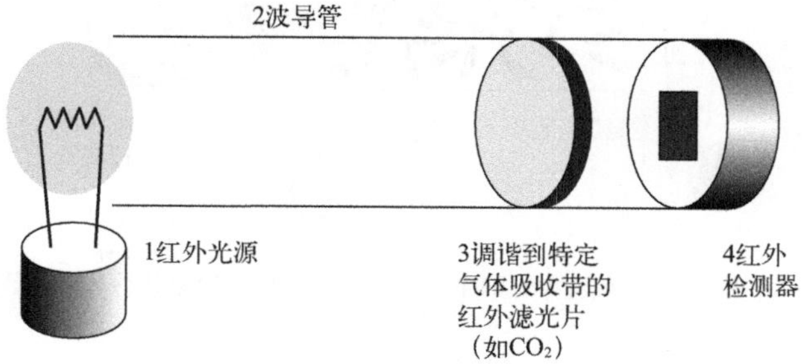

(a) 关键组件

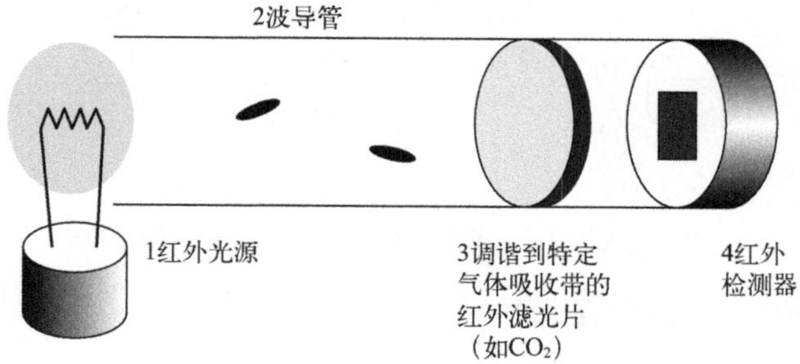

(b) 只有几个分子，没有可辨别的检测器输出

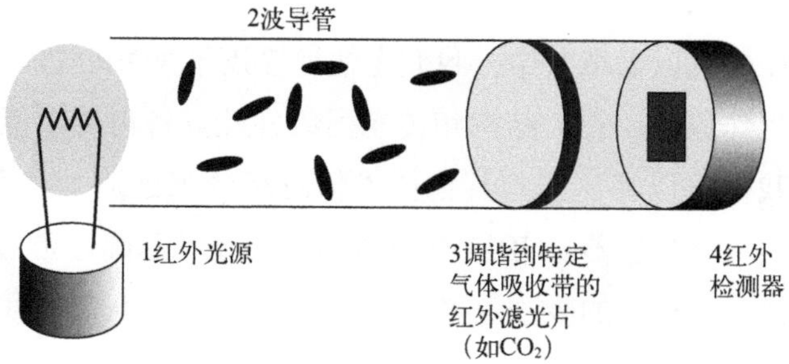

(c) 分子越多，吸收的能量越多，检测器的输出就会减少

图1-3

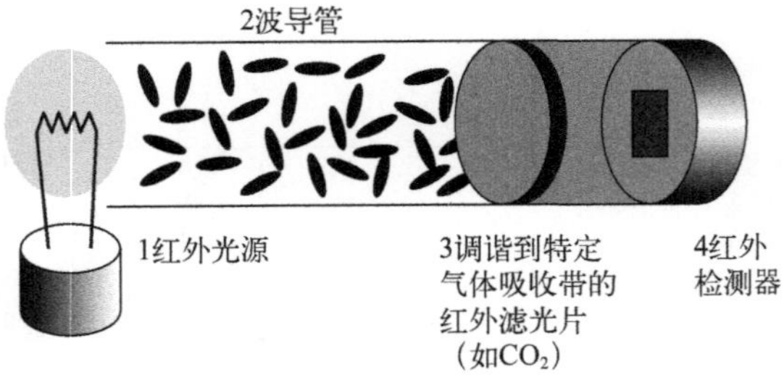

(d) 更多的分子就会有更多的能量被吸收，检测器的输出进一步降低

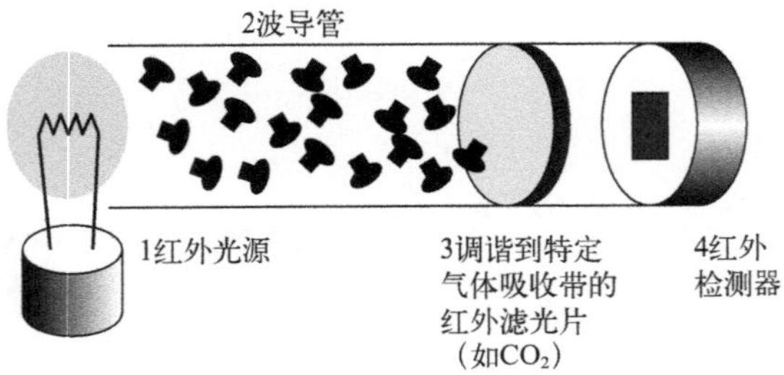

(e) 其他不相关的分子，无论有多少，都不会影响检测器的输出

图1-3　检测流程示意图

1.3.4　NDIR气体传感器的技术基础

在以上章节中，我们定性地描述了NDIR气体传感器的工作原理、设计结构和传感器组件及其各自的功能。现在，我们可以将这些与其他技术信息结合来创造一个实际工作的气体传感器。NDIR气体传感器的技术基础是名为“朗伯-比尔定律”的吸收定律：

$$I/I_0=\exp(-kCL) \tag{1-1}$$

式中　I_0——入射光强度；

I——穿过待测气体后的透射光强度；

k——吸收系数，k= AC/(0.434×C×L)；

AC——吸光度；

C——气体浓度；

L——光程，通常由传感器的有效波导管长度定义；

I/I_0——透过率，I/I_0=1－吸收率=exp(－AC/0.434)。

由式（1-1）可知，光穿过待测样品的吸收率与待测气体的吸收系数k、气体浓度C和由传感器波导管长度所决定的光程L成正比。或者，如图1-4中CO_2气体所示，吸收率可以与所讨论气体的吸光度（AC）值直接相关。

图1-4描绘了CO_2气体的4.26μm吸收带，绘制了氮气吸释的CO_2浓度为100ppm、1atm（1atm=101325）压力和25℃温度下、光程为1m时，吸光度值与波长的关系。一般来说，气体吸收带的强度直接反映在吸光度值上。气体的吸光度值越高，其吸收带越强。从图1-4中可以看出，CO_2的4.26μm吸收带实际上包括许多振动-转动窄吸收线，这些窄吸收线构成P和R分支。红外源发出与P和R分支窄吸收线光谱位置（波长）一致的辐射，当辐射穿过含CO_2气体的样品室时，被CO_2气体吸收。

波导管中目标气体对红外光吸收的吸光度可以通过式（1-1）朗伯-比尔吸收定律转化为气体浓度，以实现定量检测。

至此，介绍了NDIR气体传感器的基础知识和相关信息以支持理解如何着手组装和制造这样的设备。但仍然缺少传感器本身的设计，而这可能是这项工作中最重要的部分。到目前为止，这些信息尚未在其他文献中详细综述。NDIR气体传感器已经存在了许多年。多年来，数十家此类传感器的制造商在高度的商业化竞争中不断变化。在过去的几十年里，业内没有人愿意公开分享有关如何设计和制造NDIR气体传感器的任何技术细节。事实上，在这段时

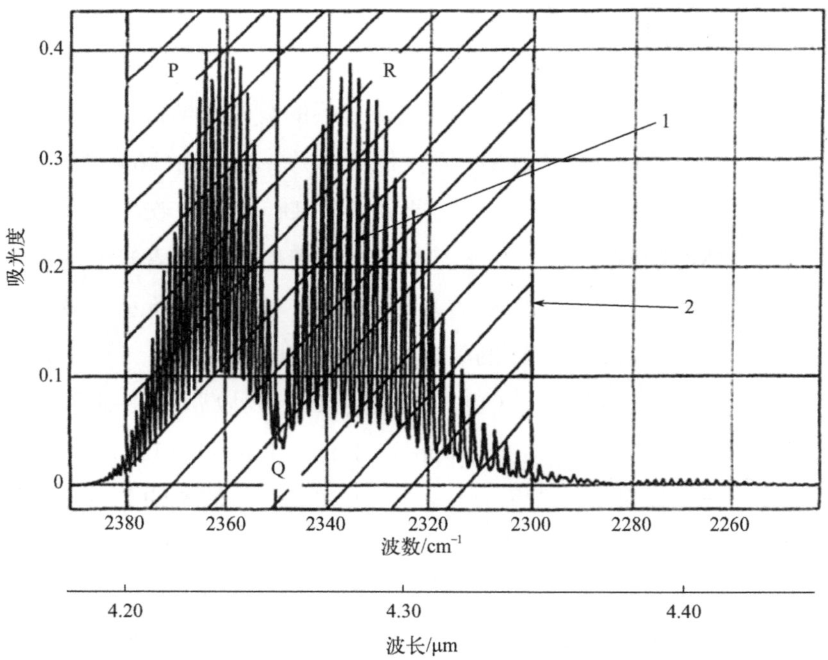

图1-4　CO_2的吸光度与波长

间里，即使是本书作者中的一位也一直有机会写一本关于NDIR气体传感器的书，但并未付诸实施。因此，即使提供了关于NDIR气体传感器的所有必要基础信息，也不足以设计出性能良好的传感器。本书的一位作者在该领域已深耕50多年，在他看来，关于NDIR气体传感器的设计只有一件事是正确的。就是，最好的设计总是由初始设定的性能目标来驱动的。

简而言之，NDIR气体传感器设计应该只受其预期性能指标的约束。理想的传感器性能指标确实非常广泛。而且人们的期望越来越高，但基本要素仍然相对不变。气体传感器的主要性能指标包括：①检测灵敏度和分辨率；②检测范围；③可用的输出模式，包括继电器；④响应时间；⑤输出随时间的稳定性；⑥预期使用寿命；⑦抗干扰能力；⑧坚固性；⑨传感器尺寸；⑩没有活动部件；⑪单位成本。一般来说，根据传感器最重要的性能指标，来设计传感器。

根据上面介绍的NDIR气体传感器的设计知识，经多年来开发、评估，有四种基本的传感器设计方案值得介绍和讨论，包括：①单光束；②双光束；③双光束饱和滤波（负滤波双光束）；④双光束偏吸收。下面将简要讨论每种传感器的设计方案。需要注意的是，这里选择描述的四种基本传感器方案不能代表NDIR气体传感器全部的设计方法。以下描述仅代表作者的观点和认识，后续可能有其他更多的NDIR气体传感器设计方案不断涌现。

1.3.4.1 单光束结构设计

图1-5是单光束NDIR气体传感器设计的结构布局示意图。如图1-5所示，红外光源S发出的辐射穿过待测气体G所在的波导样品室SC，并在穿过检测器D正前方的光谱滤光片F后被检测器D接收。只要滤光片F的通带与待测气体的吸收带一致，这就构成了简单的红外气体传感器。这种单光束传感器设计是20世纪50年代末至60年代初普遍使用的NDIR气体传感器的最早设计之一。与其他设计相比，唯一的区别是，图1-5的波导管SC取代了那个时代使用的更传统的折射和/或反射光学器件。上述单光束设计的主要缺点是导致检测误差的影响因素较多，包括光源输出的变化、滤光片光谱透射性能的变化、检测器的响应随时间和温度的变化、信号处理电子器件和传感器光学器件的污损引起的误差。尽管单光束设计存在这些固有的缺点，一些NDIR气体传感器制造商至今仍然坚持这种设计，这主要是出于

传感器成本的考虑。在本书后面，我们将提出一些额外的理由来解释它。

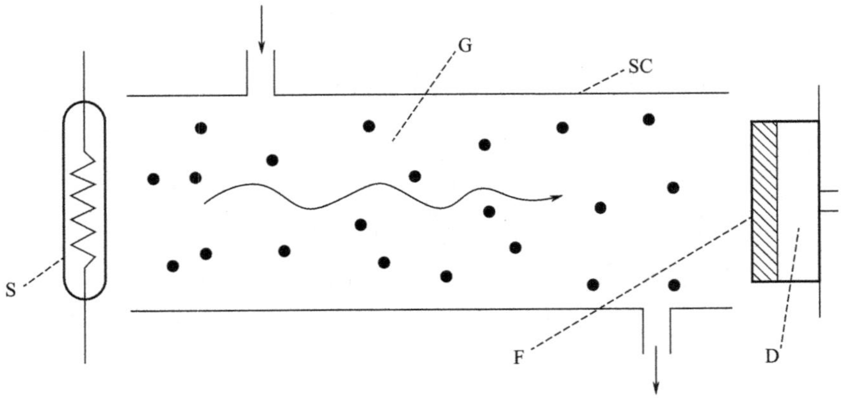

图1-5 单光束结构布局

S—红外光源；D—检测器；SC—波导管；G—待测气体；F—与气体吸收带一致的光谱滤光片

1.3.4.2 双光束结构设计

消除或减少上述单光束传感器设计中引起固有误差因素的有效方法是增置第二个通道，即参比通道，该通道在与吸收波长不一致的中性波长下工作。这个参比通道和信号通道一样，受到相同因素的影响。因此，通过取两个通道（即信号通道和参比通道）的信号输出之比，理论上可以理想地消除单光束中设计原理导致的误差。只有光路中存在的目标气体会影响比值。图1-6描述了这种双光束NDIR气体传感器的结构布局。从红外光源S发出的辐射穿过待测气体G所在的波导管SC，并几乎均匀地接触带有各自滤光片F_1和F_2的检测器D_1和D_2。D_1是携带光谱滤光片F_1的信号通道检测器，其中心波长（center wave length，CWL）与气体吸收带一致。D_2是携带滤光片F_2的参比通道检测器，其中心波长位于气体吸收带之外。信号通道和参比通道的检测器信号输出的比率被处理为传感器的输出。

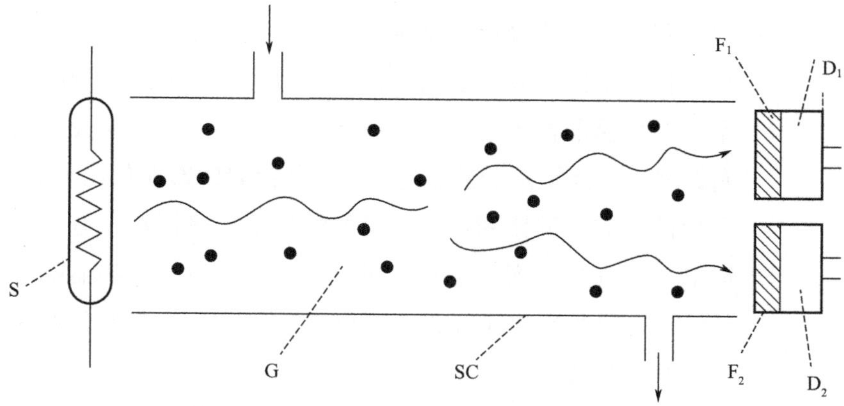

图1-6　双光束结构布局

S—红外光源；D_1—信号通道检测器；D_2—参比通道检测器；SC—波导管；G—待测气体；F_1—与气体吸收带一致的信号通道光谱滤光片；F_2—气体吸收带外的参比通道光谱滤光片

美国国防部在20世纪40年代末将窄带滤光片解密为公众使用后，双光束设计的NDIR气体传感器自20世纪60年代初以来一直在使用，并且现在仍然是主要生产和使用的NDIR气体传感器。一方面，双光束设计的NDIR气体传感器本质上比单光束更稳定，更适合于优先考虑系统完整性场景下的应用，例如石化工厂中碳氢化合物的检测。另一方面，用于建筑物通风系统中通过监测建筑物内人员存在的CO_2传感器，以使用需求控制通风（demand control ventilation，DCV）功能来节省能源，倾向于使用更简单、更便宜的单光束方法。

1.3.4.3　双光束饱和滤波结构设计

虽然双光束设计的NDIR气体传感器在许多性能方面优

于单光束传感器，但仍存在许多性能缺陷需要解决。到目前为止，有两个严重缺陷，一个是传感器输出随时间的不稳定性，另一个是传感器的输出依赖于其所处的环境温度。根据双光束方法设计的基本原理，在信号通道之外增加一个工作在不同波长的参比通道，然后将两个通道信号的比率作为传感器输出信号，将消除或减少许多单光束设计固有误差。原因是两个通道受到非气体因素的影响是均等的，采用两个信号的比率作为传感器输出信号将抵消这些不良影响。非气体因素包括源输出、滤波器传输、检测器响应性能、信号处理电子器件和光学器件的污垢等条件随温度和时间的变化。

一般来说，双光束设计的传感器将消除或减少大部分非气体因素，但双光束设计的NDIR气体传感器仍然存在随时间变化出现输出值漂移和环境温度影响大的问题。因此，增加一个非吸收波长参比通道显然不是万能的方法。

事实证明，不仅光源的输出值在幅度（辐射强度）和成分上随时间变化，而且参比光束和信号光束还可能受到非气体因素的影响不完全一致。在NDIR气体传感器的设计中，几乎所有的红外源都是灰体，因为这些光源的发射率总是小于1。然而，一系列具有代表性的灰体（发射率<1）和黑体（发射率=1）源的光谱辐射曲线（光谱辐射激发曲线），都符合普朗克辐射定律。图1-7显示了黑体源在100K到1000K温度下的光谱辐射激发曲线。例如前面讨论过的一个例子，对于双光束结构设计的CO_2 NDIR气体传感器，信号通道选择的吸收波长为中心波长（CWL）=4.26μm，参比通道选择的非吸收波长为CWL=3.91μm。这两个波长在图1-7中的普朗克曲线上各自的发射强度，如垂直直线3和4所示。从图1-7中光谱辐射激态曲线可以看出，如果光源

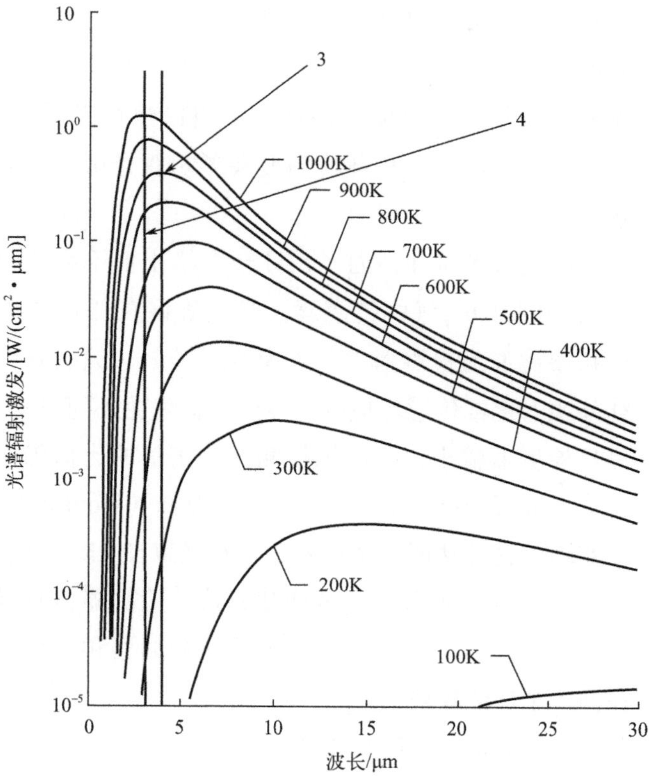

图1-7　温度为100 ~ 1000K的黑体源光谱辐射激发曲线

的温度发生变化，则穿过两个滤光片的光辐射的相对大小就会变化，检测器输出的信号也会变化。这正是为什么目前所有使用这种所谓“双光束”方法的NDIR气体传感器，其输出值会随着红外光源的老化（使用时间增加）发生漂移，从而导致其在信号和参比波长的光谱输出强度发生变化的原因。

对于以白炽灯作为光源输出的传感器，使用双光束方法会进一步受到影响，因为灯泡实际上是一个相当复杂的灰体辐射源。它包含一个温度在700℃左右的非常小的灯丝和一个温度在100℃左右的大表面积的玻璃外壳。这种结构往往使实际黑体温度检测系统难以预测，因为表面的温度、传感器的环境的温度、灯泡灯丝的温度都是传感器光源干扰的主要来源。因此，使用白炽灯光源的传感器，一个非气体因素——环境温度会影响双光束设计的传感器输出值。

以上讨论可知，为了设计一个输出值不会随时间变化而漂移的NDIR气体传感器，必须确保在任何时候信号通道和参比通道检测器之间没有光谱差异。只有这样，即使红外源老化或传感环境的温度随时间发生不可预测的变化，信号检测器输出值与参比检测器输出值的比值仍然保持不变。Wong公开的双光束饱和滤波方法（Wong，2011a）中就实现了这种功能。这种方法在双光束NDIR气体传感器使用一个（特征光谱）窄带通滤光片，检测器信号通道和参比通道各包含一个气室，检测器信号通道和参比通道安装在同一个加热模块上。

图1-8描述了双光束饱和滤波NDIR气体传感器的光学组件布局。如图1-8所示，用于检测感兴趣气体的波导管13中，信号通道检测器9和参比通道检测器10都充满100%干燥氮气11，具有相同的窄带滤光片12。例如，用于检测CO_2的滤光片CWT=4.26μm、半峰全宽（FWHM）= 0.14μm。检测器9和检测器10与波导管13之间是热导通的，样品室13是由铝材料制作的。检测器9和10共用一个加热模块。样品室13的一端14是由共同红外光源16和红外源支架15组成的。波导管13的另一端17分别被划分成信号通道部分18和参比通道部分19。信号通道检测器9位于信号通道部分18的末端。参比通道检测器10位于饱和单元8之后的参比通道部分19的末端。由于信号通道检测器9和参比通道检测器10共用相同的加热模块，因此两个检测器之间

在任何时候都不存在显著的温度差（温差将会改变它们各自的响应率或光谱响应值）。因此，信号通道电压输出与参比通道电压输出的比值实际与传感器所在环境的环境温度无关。

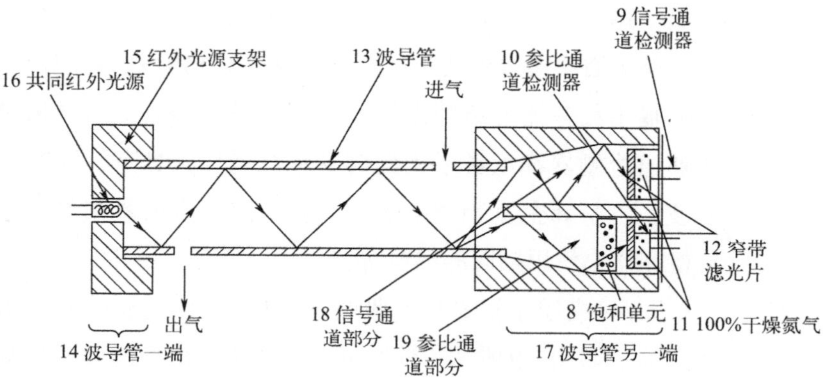

图1-8　双光束饱和滤波的NDIR气体传感器光学组件布局

双光束饱和滤波传感器能够检测波导管13中存在的目标气体的浓度，原因是在参比通道检测器10前策略性地安装了饱和单元8（见图1-8）。饱和单元8中含有浓度为c的气体，它的功能是在信号和参比通道之间产生吸收偏置。由于饱和单元8及其对源辐射的额外吸收，无论在波导管13中存在的目标气体的量如何，参比通道检测器10的输出信号总是小于信号通道检测器的输出信号。当没有目标气体存在时，传感器波导管13的信号通道检测器输出与参比通道检测器输出的比值始终保持不变。这是因为这两个通道都配备了相同的光谱窄带滤光片，因此它们的检测器输出的比例不受共同红外光源的任何光谱或强度输出变化的影响。由饱和单元8产生的信号通道和参比通道之间的吸收偏置，使得传感器输出值能够根据传感器波导管13中存在的目标气体的浓度水平进行校准。

1.3.4.4 双光束偏吸收结构设计

另一种能够克服传统双光束技术导致的传感器输出值漂移问题的NDIR气体传感器设计是双光束偏吸收结构设计方法（Wong，2011b）。在这种方法中，通过使用路径长度大于参比通道的信号通道，双光束NDIR气体传感器的信号通道输出和参比通道输出之间会产生吸收偏置。信号和参比通道检测器都配备了相同的窄带滤光片，具有相同的中心波长、半峰全宽和透射效率（η）。信号检测器和参比通道检测器也使用相同的热模块。

图1-9描述了双光束偏吸收NDIR气体传感器的光学组件布局。如图1-9所示，信号通道检测器5和参比通道检测器6都充满100%干燥氮气7，并配备了相同的窄带滤光片8用于检测波导管9中感兴趣的气体。例如，用于检测CO_2的滤光片可采用中心波长=4.26μm、半峰全宽=0.14μm。如图1-9所示，检测器5和6通过它们各自的波导管11和12与传感器体10之间是热导通的，它们共用相同的热模块。换句话说，传感器体10本质上是包含信号通道和参比通道的红外光源支架13、波导管9、波导管11和12。检测器5和6提供一个比较好的共同热模块。检测器5和6共用相同的热模块，没有温度差别，随着时间的推移至少没有任何差异干扰检测，因为随着时间的推移，存在任何局部的温度梯度可通过传导来平衡。

如图1-9所示，参比通道14与波导管9相关联，其路径长度L_R约为同样与波导管相关联的信号通道15路径长度L_S的一半。虽然这种路径长度的差异是设计传感器的一个重要参数，但只要可以产生检测的吸收偏置就可以确定被检测气体的浓度，路径长度的差异可以增大或减少。信号通道和参比通道使用一个共同的红外光源16。不管波导管9中是否存在目标气体，信号通道检测器5的值总是小于参比通道检测器6的值。通过类似于双光束饱和滤光方法，路径长度之间的吸收偏差使传感器能够根据波导管9中存在的目标气体的浓度水平进行校准。

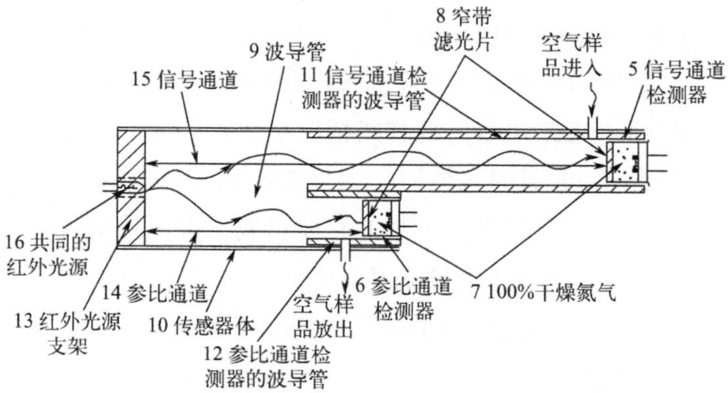

图1-9　双光束偏吸收的NDIR气体传感器光学组件布局

1.3.5　NDIR气体传感器的局限性

自20世纪50年代以来，NDIR气体传感器一直被认为是气体检测最好的仪器之一。NDIR气体传感器价格合理、应用广泛。它们还具有高度的气体特异性、检测敏感、快速响应、相对稳定、坚固可靠和易于维护等优点。尽管拥有以上优点，但其还是存在一些固有的局限性。首先，使用这种方法检测气体的基本灵敏度很大程度上依赖于可用的目标气体的红外吸收峰。例如，CO_2气体在4.26μm处有非常强的比吸收，吸光度值约为0.4（见图1-4），当波导管长度约为2.0in（1in=0.0254m）时，很容易检测到ppm级别的气体。NDIR气体传感器的技术基础是基于朗伯-比尔定律的［见上文第1.3.4节的式（1-1）］。根据该吸收定律，穿过待测气体样品的辐射光的吸收与其吸收系数k（相当于气体单位浓度、单位长度的吸光度值）、气体浓度C和由传感器的波导管长度决定的光程L成正比。虽然这种方法对检测CO_2有很好的效果，但当涉及一氧化碳（CO）气体的检测时，却是完全不同的情况。这是因为该方法唯一可用的在4.65μm的吸收峰，CO吸收强度比CO_2弱10倍。因此，以检测CO_2相同的灵敏度来检测CO，样品室的所需路径长度必须延长10倍！同样的情况也出现在检测许多其他吸收带比CO更弱的气体时，如许多室内空气污染气体如甲醛（HCHO）和许多挥发性有机化合物。在某些情况下，检测这些气体的灵敏度要求必须降低到ppb的水平，所需光程可能太长，无法使用NDIR气体检测技术。

NDIR气体传感器的第二个限制是存在交叉灵敏度或不必要的干扰吸收。正如本章前面所指出的，这种性能限制普遍存在于许多交互式气体传感器中，特别是在电化学传感器中。这种交叉灵敏度是由于用于对目标气体检测的吸收带，可能在某种程度上与其他一种或多种气体吸收带重叠。例如，使用NDIR气体吸收方法检测环境CO气体的方法受到空气中的水蒸气（H_2O）的影响，因为水蒸气在红外光谱几乎所有的地方中都具有相对较弱的红外吸收。为了正确检测CO，4.65μm处水蒸气的干扰吸收必须得到充分补偿。有时说起来容易，做起来难，特别是在一氧化碳检测时，补偿水蒸气的额外成本可能会使该传感器在许多应用中的使用成本过于昂贵。

NDIR气体传感器的第三个限制是它们的输出随时间漂移，其输出值依赖于它们所在空间的温度。虽然很难相信传感器输出不稳定或随时间漂移一直是多年以来NDIR气体传感器的主要性能缺陷之一。但公平地说，随着时间的推移，输出的不稳定性也是其他传感器的主要性能缺陷，无论是交互式的还是非交互式的，无论它们的设计使用了什么概念或技术。幸运的是，这个问题至少对于NDIR气体传感器来说终于被克服了（Wong，2011a，b）。研究人员可以设计和制造最终没有这种主要性能缺陷的NDIR气体传感器（更多细节见本书的第5章）。

NDIR气体传感器的第四个限制是缺乏一套简单和价格低廉的程序来重新调试或重新校准安装好的传感器。同样，我们可以公平地指出，除了NDIR气体传感器以外的其他气体传感器也有同样的限制。在推出无输出漂移的NDIR气体传感器之前，这种限制尤其严重和具有破坏性，因为保持传感器的精度存在成本问题（Wong，2011a，b）。事实上，人们普遍认为，多年来用于建筑节能目的的按需控制通风（DCV）策略的增长缓慢往往是由不可预测且过高的传感器维护成本造成的。幸运的是，这个问题也被克服了。采用偏吸收（AB）方法设计的NDIR气体传感器重新校准技术（Wong，2011b），可以不使用任何标准气体进行简单、远程和快速的校准（Wong，2011d；Wong，2012a）。读者可以参考这本书的第5章来了解更多的细节。

NDIR气体传感器的第五个限制是只适用于某些应用场景的单位成本和尺寸。将这种限制归因于NDIR气体传感方法是不公平的；相反，这种限制可能更应归因于缺乏足够的传感器部件支持。让我们首先考虑一下传感器的成本限制。长期以来，人们一直知道该技术最可靠的红外光源是白炽灯或微型灯泡。该光源辐射强度小且充足、输出随时间稳定和单位成本低廉。然而灯泡的玻璃罩阻挡了波长超过约4μm的部分红外光谱，这意味着在红外光谱中的许多气体无法被检测（见图1-1）。为了探测到波长超过4μm的吸收波段的气体，人们必须使用其他种类的发射波长较长的红外光源。其中一个基于微电机系统（MEMS）装置的光源，它就像一个真正的灰体源，发出的波长比灯泡发出的长得多。但是至少目前而言，MEMS源比灯泡贵大约10倍，这意味着使用MEMS光源的、吸收波长超过4μm的某些气体的NDIR气体传感器的成本要比使用灯泡要高得多。

根据上述的许多论证，在NDIR气体传感器中使用的检测器的光谱响应必须与光源的光谱输出相匹配。例如，如果一个人希望设计一个检测一氧化碳的NDIR气体传感器，其红外吸收带位于4.65μm，他不能使用灯泡作为光源，因为它的最大波长较短，相反必须使用MEMS光源。对于这些检测器，我们必须选择一个光谱波长超过4.65μm的光源。例如，不合适使用硫化铅检测器，因为它的光谱波长在约4.0μm处，这相比需要4.65μm的相关光源辐射的波长就太短了。相反，必须使用热释电或热堆检测器，其光谱响应范围从可见到远红外（>15μm），即所谓的“白色”检测器。因此，NDIR气体传感器的局限性之一是必须可以使用红外检测器来匹配使用该技术的气体的吸收峰。虽然人们总是可以找到一个合适的检测器来使用，但真正的限制是传感器最终昂贵的单位成本。

如前面简要提到的，NDIR气体传感器的物理尺寸也可能受到目标气体吸收灵敏度的限制。甲醛就是一个很好的例子。甲醛是一种室内污染气体，最近认为其存在是对人类健康潜在的危险源。唯一可用的检测甲醛的红外吸收波段在约3.57μm，其吸光度值为<0.04，与CO_2吸光度值（约0.4）相比很弱。相对于检测CO_2 50ppm左右的高灵敏

度，根据1987年制定的联邦标准，每天暴露超过8小时的工人所需的检测甲醛灵敏度为（7.5±2.5）$\times10^{-7}$。相同条件下，如果检测$5\times10^{-5}$$CO_2$所需的光程约为2.0in，那么检测$7.5\times10^{-7}$的甲醛所需的光程就超过了100ft（1ft=0.3048m）！不得不说，如果个人真的对检测工作场所7.5×10^{-7}水平的甲醛感兴趣，他可以使用一个更好的红外检测器，比如D_λ比热电堆好100倍的硫化铅检测器，多弯曲波导管的聚焦MEMS光源将光程增至约12.0in，3.57μm波长能量可以提高10倍（Wong, 2007d）。然而，采用上述建议的部件成本过高，这限制了在传感器中使用更好的检测器。

第 2 章

红外气体传感器发展史

2.1 红外气体传感技术的起源

人们普遍认为，天文学家威廉·赫歇尔爵士是第一位证明在可见光谱红色段之外的太阳光谱中存在大量能量的科学家，我们现在所说的红外辐射，起源于1800年。但是，这只是传闻，并没有可追溯的资料能够证明。人们还相信，是他的儿子约翰·赫歇尔在1840年发现了太阳光在红外波段存在吸收带。他以太阳作为光源，地球大气作为气体通道，温度计作为检测器，以及棱镜作为波长选择器，证明了大气中存在气体——特别是水蒸气，并且这些气体具有吸收带，能够从太阳光中吸收红外能量。此外，约翰·廷德尔解释了无云天空为何呈蓝色，后来这一现象被称为廷德尔散射效应。他构建了第一个用于检测气体和蒸气吸收的分光光度计，包括二氧化碳、水蒸气和碳氢化合物（Tyndall, 1859）。同时，他发现了“完全无色且看不见的气体和蒸气”吸收和传递辐射热的能力存在巨大差异。事实上，现在人们认为约翰·廷德尔是第一位解释地球大气中的气体吸收太阳辐射热背后物理原理的科学家。

2.2 红外气体传感器的起源

现如今，最重要的NDIR气体传感器是检测二氧化碳和水蒸气的传感器。从环境角度来看，使用NDIR CO_2

气体传感器监测建筑内居住者的存在以节省能源的按需控制通风策略至关重要。同时，开发并生产低成本、随时间稳定且具有长寿命（至少大于15年）的NDIR露点（H_2O）传感器，用于控制外部冷空气以在建筑通风方面节约能源，同样重要。尽管NDIR CO_2气体传感器现在已经很容易获得，但NDIR露点传感器却并非如此。实际上，直到2011年（Wong, 2011e），NDIR露点传感器才被成功开发。

事实证明，有史以来第一个被开发的非色散红外气体传感器是CO_2分析仪。约翰·廷德尔在剑桥大学举行的“关于辐射”的Rede讲座中（Tyndall, 1865）报告了人类呼吸过程中CO_2的红外定量检测，这是该课题首次被报道。廷德尔的实验装置由一个长管组成，其中填充了各种气体。这个管子相当于今天NDIR气体传感器的波导管。为了容纳或捕获气体，廷德尔用红外辐射可穿透的岩盐（NaCl）晶体封住了管子。为了产生入射光，对莱斯利立方体（Leslie, 1804）进行加热，以发出穿过管子并与气体相互作用的辐射，然后进入一个被称为差分热电堆的检测器锥体。来自第二个莱斯利立方体的辐射通过一个屏幕传入另一个锥体。他们使用检流计来检测两个锥体间的电压差。通过检测检流计的偏转来比较进入两个锥体的两个辐射源强度，检测到的光强度的差异则是管中气体的吸收能力（浓度）。通过使用这种NDIR气体传感器，廷德尔及其同事们能够相当准确地确定健康人类受试者呼气峰值CO_2浓度在4.66%至5.22%之间，这与现在的检测值非常吻合。图2-1展示了约翰·廷德尔大约在1840年进行红外气体吸收实验时的装置图。

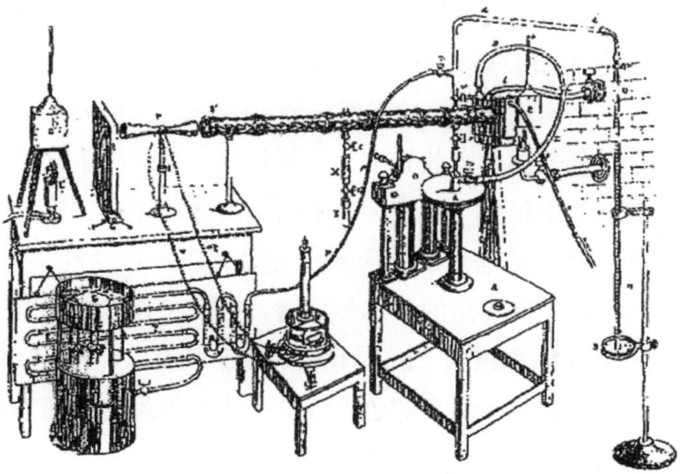

图2-1　1840年左右约翰·廷德尔的红外气体吸收装置图

2.3 物理基础发展时期

在19世纪中叶约翰·廷德尔及其同事研发出红外气体检测装置之后，红外气体传感技术的研究并未有太多进展。19世纪后期，物理学取得重大进步，这为阐明红外吸收光谱的原理奠定了基础。到了20世纪初，气体红外吸收光谱的原理已众所周知。从阿伏伽德罗定律（Avogadro, 1810）推断出的物质分子和原子性质到19世纪初化学家约翰·道尔顿的研究、20世纪初欧内斯特·卢瑟福和尼尔斯·玻尔关于原子物理构成的研究，为物质结构提供了一个可用的模型。19世纪中叶詹姆斯·克拉克·麦克斯韦关于电磁学的研究（被称为麦克斯韦方程）预测了电磁波，为红外辐射的电磁性质奠定了基础。马克斯·普朗克在1900年提出的能量量子化的概念，为阿尔伯特·爱因斯坦在1911年用他的理论解释辐射的吸收和发射提供了理论支持。

在实验方面，19世纪末到20世纪初，研究人员观察到了各种气体的吸收光谱，甚至解析了某些简单分子相关的转动精细结构。然而，由于缺乏合适的设备，检测工作的开展非常困难，研究活动主要是为了扩展物理学的边界，而不是生产实用的气体传感器。但早在1881年，就有关于光声气体传感器（Bell, 1881）用于甲烷（CH_4）检测的报道。直到几十年后非色散红外技术的发展，才使得开发实用的红外气体传感器成为可能。

2.4 第一代实用红外气体传感器

由于测定重症心脏病患者的呼气CO_2浓度水平在对重症心脏病的治疗中起着至关重要的作用，推动了20世纪早期第一代实用红外气体传感器的开发。1939年，奥古斯特·赫尔曼·普富德（Pfund, 1940a）开发了一种呼吸气体分析仪，该仪器在巴尔的摩的约翰斯·霍普金斯医院用于检测CO和CO_2。普富德将这种检测CO_2的基于热幅射（红外辐射）吸收的方法描述为“在不干扰混合物的情况下进行连续分析”，这与破坏测试材料的化学方法形成对比。检测器池充满了3%CO_2和97%干燥空气的混合物。气体样品被传入吸收池中，如果样品中没有CO_2，辐射会被检测器池吸收，并且通过热电堆检测到温度的升高。吸收池中CO_2的存在导致检测器池吸收较少的辐射，因此温度增加较小。

但是，第一个实用的NDIR气体传感器是由K. F. Luft在1943年（Luft, 1943）开发的。Luft发明的第一代NDIR气体传感器被称为Luft池。后来，通过用一对敏感的麦克风替换设备的电容检测器，作为性能更均衡的检测器，从而改进了Luft池。这个改进后的Luft池被称为NDIR光声气体传感器或光声光谱（PAS）气体传感器，并被广泛采用。事实证明，从1943年被发明到20世纪50年代末，PAS气体传感器成为了主导的红外气体传感器。图2-2展示了Luft设备的组件布局。

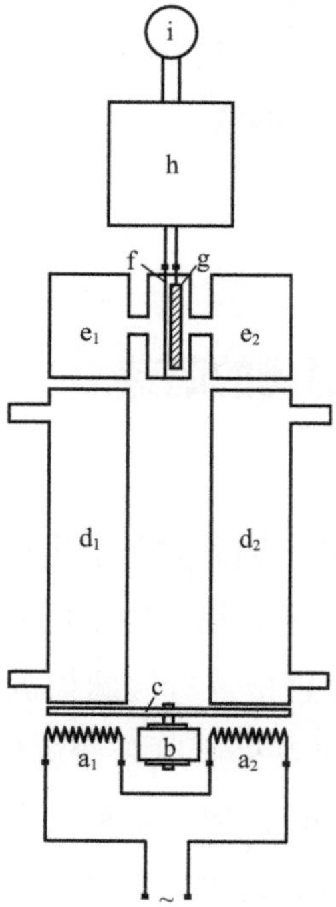

图2-2 第一个实用的红外气体传感器Luft装置的组件布局

如图2-2，来自“a_1”和“a_2”的辐射通过由电机“b”驱动的快门轮“c”被周期性地中断。快门轮“c”具有狭缝，使得两个来源的辐射可以同时通过（或同时被中断）。经过快门轮“c”之后，辐射通过管道“d_1”和“d_2”，其中“d_1”含有待测气体，“d_2”充满参比气体（压力为0.5个大气压）。然后，辐射进入腔室“e_1”和“e_2”，这些腔室充有与待测气体相同的气体作为“接收层”。两个室通过一层薄金属膜“f”相隔（几乎是气密的），这层膜与绝缘对板“g”形成一个电容器。如果气体混合物包含待测组分，则腔室“e_1”接收到的辐射比“e_2”弱；因此，基于快门轮“c”的通断，腔室“e_1”和“e_2”之间会周期性地产生压力差，通过膜“f”，这种压力差可以转换为电容变化。膜电容器后接一个放大器“h”，它允许在检测器“i”上读出电容变化，从而确定待测气体的浓度。

2.5 NDIR 气体传感器时代的萌芽

在20世纪初，随着对肺部生理学和新陈代谢的理解加深，人们迫切希望寻找一种便捷的方法来检测呼吸过程中的CO_2，以避免直接进行动脉检测。尽管那时已经很清楚并确定可以通过红外吸收来检测CO_2，但早期设备，主要是PAS气体传感器，因体积过大且不适用于临床而受到限制。因此，需要开发更好的红外气体传感器，特别是在医疗领域用于检测CO_2的传感器。但是，由于缺乏新的设备、组件或更好的想法，科学家和工程师均无法解决这一难题。因此，在这一时期，并没有关于红外气体传感器发展的重大进展。幸运的是，在第二次世界大战之前，出现了希望的曙光。长期以来，美军一直认为夜视能力，即在黑暗中看到物体的能力，是极为重要和必需的。要实现这一目标的关键要素之一是开发一种小型轻便的设备，这一设备能够对不同波长的光实现选择，特别是红外光。色散元件，如棱镜和光栅，虽能分离不同波长的光，但受限于空间条件，对于军事使用来说不够便携。因此，从20世纪30年代晚期开始，美军集中力量开发一种能够不受限于空间条件地分离不同波长光的轻便小型设备。他们称之为非色散窄带滤光片，其设计采用与法布里-珀罗干涉仪设计类似的光谱干涉技术。通过在透明基底的一侧或两侧堆积大量（通常为80～100层）具有不同折射率和厚度的光学材料薄膜，可以获得一种仅选择性传递狭窄波长带光的设备。滤光片的透射峰定义为滤光片的中心波长（CWL），传递的狭窄波长带称为滤光片的半峰宽（FWHM）。

首次成功开发非色散窄带滤光片的确切时间不为人知，因为整个开发工作被美军列为机密。但是人们普遍认为，这项开发工作在20世纪30年代末完成，因为拥有夜视能力的武器在第二次世界大战中被盟军部队使用。直到20世纪40年代末，也就是第二次世界大战结束几年后，薄膜干涉滤光技术才被美国国防部解密供公众使用。但是，这些滤光片的设计和制造细节从未向公众发布或披露。直到1955年左右，公众才能开始使用这些滤光片来设计和制造红外气体传感器。因此，20世纪50年代中期标志着NDIR气体传感器时代的开始。这些传感器之所以被称为非色散，是因为使用了窄带滤光片，该滤光片不像分散式棱镜或光栅那样在空间上选择光波长，是一种非色散光学元件。

2.6
萌芽之后的发展趋势

多层薄膜干涉滤光片的出现，极大地推动了20世纪50年代中期之后NDIR气体传感器的发展。光声气体传感器不再是发展的中心；相反，一类新的实用NDIR气体传感器开始引起人们的关注，这些传感器使用窄带滤光片进行红外波长的选择。NDIR气体传感器的设计不再仅仅针对医疗行业，还有一些是专门为工业应用生产的，如在石化厂监测碳氢化合物浓度水平。但最重要的进展仍然是在医用CO_2传感器的设计上，这些传感器用于大型医院的重症监护室（ICU）。这一趋势持续到了20世纪60年代末，直到那时，现今常用的NDIR气体传感器才终于开始出现。

第 3 章

萌芽之后 25 年的发展

3.1 医用二氧化碳分析仪的进展

在20世纪40年代末美国国防部解密了窄带滤光片的概念，供公众使用，并在1955年左右出现了少量此类滤光片原型供科学家使用后，医疗行业的需求仍然是推动更好的NDIR气体传感器设计和发展的主要力量。这主要有两个原因。首先，当时的医疗行业迫切需要一种比直接动脉检测更简单、更方便的方法来检测重症心脏病患者呼吸过程中的CO_2。PAS CO_2气体传感器体积太大，不够便携，不适合放在ICU病床旁，更不用说它们的输出分辨率、准确性和长时间稳定性都远未达到满意水平。其次，尽管那时开始出现窄带滤光片的原型，但它们不仅难以获得，而且性能特征是极度不可预测、不一致且完全不可靠的。因此，从表面看来，这种有点革命性的非色散波长选择器的出现似乎会迅速为红外气体传感器领域带来巨大进步。但是，实际上并非如此。石化厂、公用燃气企业、制药公司、电力公司等其他行业拥有自己丰富的资源，可以自行开发或从外部购买更复杂的分析仪器来满足他们的需求。当时的科学家普遍忽视了对更好的NDIR气体传感器的研发。

第一个NDIR气体传感器于20世纪60年代初期出现，那就是Beckman Instruments的LB-Ⅰ型医用CO_2分析仪。这款分析仪是最早利用窄带滤光片的设备之一，其设计的核心是围绕4.26 μm CO_2吸收带。因此，它是第一批真正的NDIR气体传感器之一，而不是PAS气体传感器，并面向公众销售。其操作基于单光束结构设计（参见上文第1章1.3.4节）。由于这种结构，除了目标气体外，还有许多因素可能导致检测信号的变化，从而引起检测误差。这些干扰因素包括红外光源输出、滤光片的光谱透射率以及检测器的响应性和光谱响应随时间和温度的变化，更不用说信号处理电子设备和传感器光学系统的污染可能造成的误差。尽管如此，因为Beckman LB-Ⅰ比PAS CO_2传感器小得多，且在病床旁使用更加方便，所以它一经推出就受到医疗行业的欢迎，并在许多医院的ICU中广泛使用。但是，人们很快就开始抱怨其整体性能差，特别是输出稳定性随时间变化导致的严重检测错误。问题变得如此严重，以至于医院必须每30天重新校准LB-Ⅰ分析仪以确保输出准确性!

对红外气体传感器技术本身以及该传感器性能特性产生最大影响的，是惠普（HP）公司的47210A型医用CO_2分析仪，又称为“呼气CO_2监测仪”，直到20世纪80年代末，它都被认为是医用CO_2分析仪行业的“黄金标准”。呼气CO_2监测仪的开发（Jaffe, 2008）是惠普公司在20世纪60年代末进入医疗设备领域整体历程的一部分。这也是一个将原本面向汽车工业的技术调整应用到医疗领域的案例。由于本书其中一位作者（Jacob Y. Wong）在1968年末于加利福尼亚州帕洛阿尔托的惠普实验室（HPL）最初构思呼气CO_2监测仪时担任项目经理，而且这个故事本身在许多方面都非常有趣，以下将详细叙述呼气CO_2监测仪的故事。

3.2
呼气末二氧化碳监测仪的故事

1967年初，HPL获得了通用汽车公司（GMC）的一份价值超过100万美元的大合同，合同要求开发一种小型、紧凑、坚固的多组分尾气分析仪，用于公司的汽车装配线。需要检测的气体组分包括代表碳氢化合物的甲烷（CH_4）、CO、CO_2和一氧化氮（NO），检测准确度分别是CH_4为$\pm5\times10^{-5}$、CO为$\pm5\times10^{-5}$、CO_2为$\pm1\times10^{-4}$和NO为$\pm5\times10^{-5}$，并且必须在10s（0 ～ 90%）或更短时间内准确测定。这款多组分汽车尾气分析仪的原型必须在一年内准备好进行测试。可能是因为当时美国的通用汽车装配厂数量有限，签署的研发合同中并未明确指出多组分排气气体分析仪所需的单位生产成本。

以今天的视角回顾发现，HPL为汽车装配线提出的尾气分析仪被认为是不可能实现的，因为当时还没有或者尚未准备好开发这种传感器所需的技术。即便用于检测指定气体所需的各种窄带滤光片是可用的，且其性能可以被证明是可靠的，仍然会受到一个主要因素的限制，那就是传感器的牢固性，因为仍然需要使用机械斩波器来提供所需的交流信号处理数据。此外，最终传感器的大小将是另一个需要克服的主要障碍，因为这样一个脆弱且笨重的多组分尾气传感器是否能轻易地安装在汽车尾管的末端显然是需要质疑的。尽管如此，在第二次世界大战期间从奥斯威辛集中营中幸存下来的时任HPL主管的Wong博士，他从不对任何事情说“不”。此外，他当时是HPL一个研发团队的成员，该团队成功地研发了用于分别制造红色和绿色发光二极管（LED）的外延GaAsP和GaP半导体材料。事实上，也正是他，在赢得GMC分析仪合同方面发挥了关键作用。

但最终，由于不具有技术可行性，在获得GMC合同不久后，HPL项目团队认为，传统的GMC尾气分析仪设计方法行不通，必须开发一种新的革命性方案来取而代之。这个新想法是将红外光源和可能用于气体检测的滤光片结合成一个红外发光二极管（IRED）。由于可以轻松地以任何频率脉冲驱动IRED，因此不再需要机械斩波器来操作传感器，与之相关的所有问题都将消失。依托他们当时成功研发外延GaAsP和GaP半导体材料以制造红色和绿色LED的技术成就，GMC传感器项目团队将注意力转向了另一种Ⅲ～Ⅴ族化合物的研发，即外延三元化合物砷化铟锑（$InAs_{1-x}Sb_x$）半导体材料，用于制造红外发光二极管。由于InAs和InSb的半导体材料的光谱截止波长分别约为3.3μm和5.6μm，如果能够实现外延三元化合物$InAs_{1-x}Sb_x$的合成，那么就有可能制造出单独的IRED，以发射覆盖四种所需气体的各自吸收带的辐射波长。对于CH_4检测，可以使用纯二元InAs材料制造发射约3.4μm的IRED。对于CO_2检测，可以使用外延$InAs_{0.92}Sb_{0.08}$三元材料制造发射约4.3μm的IRED。对于CO检测，可以使用外延$InAs_{0.88}Sb_{0.12}$三元材料制造发射约4.60μm的IRED。对于NO检测，可以使用外延$InAs_{0.88}Sb_{0.12}$三元材料制造发射约5.20μm的IRED。对于能够覆盖大约3.4～5.20μm光谱响应范围的红外检测器，InSb PC（光电导）或PV（光伏）型检测器都可以很好地完成任务。对于GMC分析仪项目团队中一些乐观派的成员来说，更好的红外检测器可能就是热电堆检测器。

这种于1967—1968年由HPL提出的4组分尾气分析仪的设计方法新颖且具有革命性，是前所未有的。如果这种设计方案能被证明是成功的，不仅可以开发出一个非常小的多组分气体传感器，而且这种传感器将非常坚固，并且无需任何移动部件（如机械斩波器）就能工作。尽管这种类型的气体传感器在最初阶段单位成本可能是一个问题，但它们的研发和应用无疑会对整个红外气体传感器行业产生巨大影响，并彻底改变我们今天所看到的景象。

GMC传感器项目团队花了将近8个月的时间，尽其所能研制出第一批足够好的外延三元$InAs_{1-x}Sb_x$材料，用于制造第一批IRED。但结果非常令人失望。即便在那个时候，人们已经相当清楚，制造高效的LED或IRED必须采用优质材料，并且尽可能使设备具有较低密度的复合中心。复合中心简单来说就是电荷载体（电子或空穴）的陷阱，如果大量存在这样的中心，就会使电子和空穴在有机会复合生成光子之前被消除。因此，如果复合中心的密度高，光生成效率就会低。一种用于制造LED或IRED的半导体材料质量的量化表征方法是通过检测由该材料制成的PN结器件的外部量子效率值（η_e）。当$\eta_e = 1.0$时，意味着每注入一个载体（电子或空穴）到PN结中，就会生成一个光子。当$\eta_e = 0.1$时，意味着每注入十个载体到PN结中，就会生成一个光子。对于由外延三元GaAsP材料制成的普通红色LED，$\eta_e \approx 10^{-1} \sim 10^{-2}$。因此，通过检测$\eta_e$，可以直接确定用于制造LED或IRED的半导体材料的质量。

HPL最初制备的外延三元$InAs_{1-x}Sb_x$材料的质量确实非常差。从这些材料制成的IRED中检测出的η_e值约为10^{-6}。起初，尽管使用了当时最敏感的检测器（双级TE冷却的InSb PC型检测器，D^*约为$10^{11}cm \cdot Hz^{0.5} \cdot W^{-1}$），但几乎检测不到它们发出的任何红外辐射。随后制备的大量外延三元$InAs_{1-x}Sb_x$材料η_e只提高了约10倍。紧接着他们又进行了大量的研究，试图找出这种外延三元材料复合中心密度如此高、η_e检测值如此低的原因。他们很快发现，问题在于生长在InAs二元基底上的不同组成的外延三元化合物之间的物理晶格失配，大部分复合中心正好形成在外延三元$InAs_{1-x}Sb_x$材料的二元/三元边界处。因此，如果没有更好的材料来制造IRED，多组分尾气分析仪项目注定失败。

但当时Wong主管不愿放弃，始终坚持到底。为了从IRED中产生足够的红外辐射来制作传感器，作为最后的手段，他决定将设备冷却到液氮温度。结果发现，将IRED冷却至约77K，η_e提高了三个数量级，所有四种组分的气体都能被充分检测。但一年的项目时间即将耗尽，几乎毫无疑问，尾气分析仪无法在常温下正常工作，而必须用液氮冷却，但使用液氮冷却操作气体传感器，虽然能满足性能规格，对项目赞助方来说却是不可接受的。如果不是惠普公司的一位律师——项目团队自己的成员极力挽救，这个GMC尾气分析仪项目将宣告失败！

当这位律师仔细审查了这个项目的签署合同时，他注意到合同从未规定分析仪必须在常温下操作。显然，这是GMC项目赞助团队在签订合同时的疏忽。因此，当分析仪交付给GMC并且其演示效果良好（除了其操作温度的规格外）时，HPL满足了合同条款。通用汽车公司并不满意，Hewlett先生（Bill Hewlett，惠普公司创始人之一）在随后被告知发生的事情时也不满意。然而，事实仍然是HPL花费了GMC超过100万美元的资金，学习如何推进红外气体传感器的技术。

再次以今天的视角回顾发现，通用汽车公司在1967年试图为其汽车装配线开发多组分尾气分析仪所花费的100万美元，即使从推进红外气体传感器整体技术的角度来看，也没有取得成功。但是，这个钱也没有白费。这是因为从这个汽车项目中诞生了医用CO_2传感器的想法。惠普公司已经在1961年通过收购位于马萨诸塞州沃尔瑟姆的心脏相关的医疗设备制造商Sanborn公司进入了医疗领域。Bill Hewlett对Sanborn的愿景是将其作为未来HP医疗部门的基础。他收购Sanborn后不久在HPL领导的第一个项目是开发众所周知的8-波长耳式血氧仪（Hayes et al., 1976）。当GMC尾气分析仪项目在HPL结束工作时，Hewlett先生看到了进一步实现他愿景的另一个机会。他意识到那时HPL的GMC分析器团队已经在理论上掌握了所有气体的红外吸收。因此，他迅速领导团队开发医用CO_2传感器，并指派Wong博士负责这一开发工作。

对于Wong博士来说，被公司的最高领导人任命负责这个项目确实是一种荣誉和一次极好的机会，但他很快意识到，这也可能成为一个影响他职业发展的陷阱。原因是，当时HPL的大多数同事假设，在GMC排气气体分析仪项目中开发的大部分或至少一些红外吸收技术可以在医用CO_2传感器的开发中利用。但实际上，这与事实相去甚远。结果显示，如果不在液氮温度（77K）下操作，$InAs_{0.92}Sb_{0.08}$IRED的η_e仍然太低，无法用于医用CO_2传感器。与此同时，医用CO_2传感器必须在病人床边的常温环境下操作。没有CO_2 IRED的使用，所有之前与机械斩波器相关的传感器坚固性和尺寸的问题再次出现。更糟糕的是，虽然GMC尾气分析仪所需的检测响应时间约为10 s（0～90%），但医用CO_2传感器的检测响应时间必须在100 ms或更短。使用CO_2 IRED作为光源应该没有问题，因为IRED可以产生任何频率脉冲光。但必须使用机械斩波器，这种快速响应要求又提出了另一个需要解决的主要问题。此外，医用CO_2传感器的尺寸必须比GMC尾气分析仪更小，因为它必须通过气道适配器适当地安装在患者的呼吸道上。但是，也有好的方面，那就是医用CO_2传感器只需要检测一种气体（即CO_2），它在4.26 μm处有一个极强且特定的吸收带，并且不需要考虑传感器成本的问题。

当惠普公司的医用CO_2传感器项目在HPL启动时，医院中最广泛使用的医用CO_2传感器是Beckman LB-Ⅱ，这是比较早期的Beckman LB-Ⅰ仪器的改进版，体积更小。LB-Ⅱ采用了双光束结构设计（参见上文第1章1.3.4节），而不是LB-Ⅰ使用的单光束结构设计（参见上文第1章1.3.4节）。但是，LB-Ⅱ的主要问题是传感器输出随时间漂移（不稳定性），而且需要严格执行每3个月重新校准传感器的规定。LB-Ⅱ的这个性能缺陷在医院之间众所周知，这甚至影响了惠普医用CO_2传感器的最终设计。除了尺寸、坚固性、快速响应时间和检测准确性外，传感器输出随时间的稳定性已成为传感器最重要的性能目标。

对于惠普医用CO_2传感器项目的负责人来说，最初三个月就遇到了极大的挑战。项目组认为可行的方案是设计一个在常温下可操作的高效CO_2 IRED传感器。而要实现这一设计任务，需要一个可用的窄带通干涉滤光片，中心波长（CWL）= 4.26μm，半峰宽（FWHM）= 0.14μm。但是，这两个关键部分指标都不可达到。这种情况非常类似于GMC尾气传感器项目团队所面临的困境。因此，为了获得项目的成功，必须抛弃惯性思维，开启革命性思维模式。正是带着这种开创性和充满挑战的研发精神，项目负责人开始了接下来的工作。

由于惠普医用CO_2传感器最重要的性能目标是输出随时间的稳定性，以及小尺寸、快速响应时间和准确性要求，在没有CO_2 IRED或用于检测气体的可靠窄带滤光片的条件下，主要挑战是提出一种全新的能够满足这个目标的气体检测技术。经过几个月对物理学的深入思考，项目负责人最终认识到，4.26μm的CO_2吸收带非常强，如果设计得当，CO_2气体本身可以作为其气体检测的自滤器。因此，他提出了“负滤波”技术的气体检测方法，这种技术仅适用于检测具有非常强红外吸收带的气体，如CO_2。该技术基于双光束结构设计（参见上文第1章1.3.4节），通过取信号通道和参比通道信号的比值作为其输出信号，消除所有非气体干扰对传感器的影响。传统的创建双光束设计的信号和参比通道的方法是分别使用两个窄带滤光片，其中一个的CWL在气体吸收波长处，另一个的CWL在一个非吸收中性波长处。但对于惠普医用CO_2传感器项目，当时可用的窄带滤光片还不够可靠，不能用于医疗仪器。幸运的是，该团队提出的“负滤波”气体检测技术解决了这个问题。

在不使用窄带滤光片的情况下，参比通道是通过在检测器前设置一个大约6mm厚的含有100%CO_2气体（在大气压下）的小薄腔室来创建的。这个腔室的窗口选用了蓝宝石，它能透过从可见光到约6.0μm的红外光。由于CO_2在4.26μm处有一个非常强的吸收带，CO_2单元极大地减少了传感器样品室中CO_2气体的影响。换句话说，无论是否存在需要检测的CO_2气体，来自参比通道的检测器信号几乎不会改变。其行为类似于使用中性窄带滤光片的传统双光束设计的参比通道，该滤光片的CWL偏离了CO_2气体的吸收带。

为了利用“负滤波”方法创建医用CO_2传感器的信号通道，类似的小薄腔室被置于检测器前，但该腔室现在只填充了100%的干燥N_2，使其处于大气压下。因此，如果样品室中存在任何CO_2气体，由于CO_2的吸收，信号检测器输出会减少。实际上，信号检测器的输出会根据样品室中CO_2气体浓度的变化而变化。其行为类似于使用与CO_2气体吸收带波长相一致的窄带滤光片的传统双光束设计的信号通道。

为了模拟惠普医用CO_2传感器的传统双光束设计，需要包含两个腔室，即一个含有100%CO_2, 另一个含有100%干燥N_2，通过使用一个小型特制的铝磁转子以40Hz的速率交替地置于同一个红外检测器前。如前所述，当100%N_2腔室与光源和检测器对齐时形成信号通道，而当100%CO_2腔室处于该位置时形成参比通道。通过设计微型磁转子使其紧密容纳上述两个单元，代替了传统双光束设计红外气体传感器中体积大、质量重的机械斩波器。与此同时，信号通道输出与参比通道输出的比值被处理以转化成样品室中CO_2气体浓度。

为了完成惠普医用CO_2传感器的设计，采用加热的厚膜黑体辐射器作为红外光源。这与惠普公司在20世纪60年代初向公众销售的热打印机中打印头使用的红外辐射源相同。这种特定的打印机头可以在空气中操作而不受损坏，并且在连续使用的情况下寿命超过5年。由于含有气体腔室的磁转子以40Hz的速率驱动以产生传感器信号处理器所需的交流信号，因此传感器的加热厚膜光源以直流运行，这实现起来更加简单。为了满足传感器的高精度和快速响应要求，采用室温PbSe光电导检测器。作为设计高性能红外气体传感器的一般准则，始终限制检测器所接受辐射的光谱带宽，这就是使用窄带滤光片来检测气体如此有效的原因。目前的情况是，没有在约4.26μm处的窄带滤光片（FWHM约为0.14μm）来提供用于CO_2检测的孤立光谱带。幸运的是，出于这一目的，可在厚膜黑体光源的激发曲线的上升部分（约250℃）和PbSe光电导检测器的光谱响应截止点（约4.5μm）之间，隔离出一个不太明显的光谱带。

这个项目花了两年多的时间才完成。当原型机最终准备好进行性能测试时，发现结果非常好。所有的性能期望都超标准实现了，包括准确性、快速响应时间和小尺寸（包括用于与患者气道接口的气道适配器）。但最令人震惊的性能成就是其输出随时间的稳定性，这一直都是最重要的性能目标。这个令人惊讶的结果对项目团队的每个成员甚至当时在HPL工作的大多数员工来说都有些难以置信。虽然当时包括项目负责人在内的所有人都不能理解为什么传感器的输出随时间如此稳定，但现在回过头去看，可以确定其原因，本书将在后文中给出解释。

首先，必须感谢负责磁转子设计的项目团队成员，这个转子使得携带气体腔室的轮轴以40Hz的频率旋转，交替地将它们置于检测器前。转子设计得非常好，极其坚固，它旋转的轮轴位置非常平稳且可重复，以至于当传感器使用时几乎未曾观察到任何输出信号波动。这是传感器准确性如此好（$\pm 2.5\times 10^{-7}$, 100ms响应时间）的原因之一。其次，得益于项目团队成员制造的两个气体腔室，即100%CO_2和100%N_2腔室。尽管它们非常昂贵（每个造价约为200美元），但它们随时间的稳定性能绝对值得这个成本。这些腔室有定制设计的钴铁合金体和从两侧金属钎焊上的蓝宝石窗口。它们使用了一种特殊的高温焊料，通过特别开发的定制密封程序来密封腔室内的气体。因此，这些气体腔室密封性能非常好，多年来均无泄漏。它们是传感器输出长时间保持无漂移的关键原因之一。

但惠普医用CO_2传感器输出长时间保持无漂移且无须重新校准的主要原因，还是其采用了“负滤波”技术。除了分别用于创建信号和参比通道的含有100%CO_2或100%N_2的气体腔室外，这两个通道几乎完全相同。通过取信号通道输出与参比通道输出的比值，所有非气体干扰——包括源输出的变化、检测器光谱响应或响应性的变化，或样品室（气道适配器）光学的变化——都被消除了。毕竟，信号通道和参比通道用的是同一光源、同一检测器和同一气道适配器（波导管）。只有光路中CO_2气体的存在会影响比值。传统的双光束结构设计（参见上文第1章1.3.4节）的NDIR气体传感器容易受到光源的光谱输出变化的影响，因为信号通道和参比通道将因具有不同的窄带滤光片而受到不同的影响。回顾过去，真正令人惊叹的是，几十年前，惠普医用CO_2分析仪，也称为呼气末CO_2监测仪，就能够实现输出随时间变化而不漂移的稳定性！

但如果不讲述这个传感器的名称“Capnometer”（呼气CO_2监测仪）是如何得来的，那么故事就不完整了。当时HPL的项目团队正在开发这个传感器时，从一开始就为它分配了一个型号，因为这是Hewlett先生特别关注的项目。最初它被命名为47210A型。当HPL完成传感器的开发时，大家都将其称为47210A型医用CO_2分析仪。1970年，当项目转移到惠普沃尔瑟姆医疗部门进行最终生产开发时，市场部员工不喜欢用这个型号来称呼该仪器，因为这个型号名称太长了。市场部员工一见识到这个仪器的性能就知道，这款分析仪一旦上市就会占领医用CO_2传感器市场。当时，尽管Beckman LB-Ⅰ和LB-Ⅱ CO_2仪器因性能差而不太好用，但大家都知道这两个仪器。但是，与惠普的47210A型医用CO_2分析仪相比，LB-Ⅰ和LB-Ⅱ这样的命名简单易记，因此必须简化或缩短其名称。但问题在于，当时的惠普是一家非常保守的公司。公司以前从未给它们的仪器或产品取过别名，只使用型号编号。因此，为惠普的医用CO_2分析仪起一个简短的名称成为一个艰巨的任务。

直到项目负责人提出了“Capnometer”这个名字，才使得简化仪器名称的任务得到解决。这个名字的由来如下。单词“Capno”是希腊语，意思是烟雾。由于烟雾通常来自燃烧时的火焰，而燃烧时会产生大量的CO_2气体。单词“meter”意味着非常准确和精密的仪器，将希腊语单词“Capno”与单词“meter”结合起来，就得到了“Capnometer”，这表明该传感器是一个用于检测CO_2气体的非常准确的仪器。尽管名字已经准备好，项目负责人仍然花了三个多月的时间说服他的上司安排与Hewlett先生会面，以批准这一新名称。幸运的是，Hewlett先生在短暂的会议中同意了这一提议，因此“Capnometer”被批准用来称呼惠普的47210A型医用CO_2分析仪！

Capnometer于1975年开始向公众销售。首批仪器的销售价格为每台6500美元。Capnometer一直是同类仪器中非常成功的，尽管其价格非常昂贵，但据估计，生产并售出了超过5万台。自1975年推出后，它几乎成为了将近二十年医用CO_2传感器的“黄金标准”！

3.3

发展阶段（1955—1980年）

如本章前文所述，这一时期更好的NDIR气体传感器的开发动力主要来自医疗行业。20世纪60年代Beckman Instruments的LB-Ⅰ和LB-Ⅱ医用CO_2分析仪、1975年的惠普Capnometer以及1976年的西门子-埃勒玛AB CO_2传感器，都是典型例子。必须指出，直到20世纪70年代早期，用于NDIR气体传感器开发的窄带滤光片才真正可用。

同时，在这一时期内一直在开展研发工作，只是这些为私人公司工作的科学家和工程师没有公开披露任何重要的发现或结果。不过，一些NDIR气体传感器的研发工作可以在已公布的专利中找到，特别是来自美国专利及商标局（USPTO）的专利。以下是这一时期内公布在USPTO专利中的研发成果。

1974年，Sternberg等（Sternberg et al., 1974）公开了一种红外气体分析系统。在这一系统中，一个单路径仪器包括一个红外光源、一个检测器、一个位于光源和检测器之间的气体混合物样品腔室，以及一个由多个滤光片和一个光源阻挡装置组成的滤波轮，该装置位于光源和检测器之间，用于依次将滤光片和光源阻挡装置置于光源和检测器之间。提供了一种用于放大检测器输出信号的方法和一种将处理信号直接读出显示的方法，其将显示出正在分析的气体组分的浓度。这个专利首次公开了一种多组分红外气体传感器的方法，该传感器利用安装在滤波轮上的不同窄带滤光片，根据它们的红外吸收带的波长来检测不同的气体。

1974年，Burch等（Burch et al., 1974）首次报道了双腔室非色散气体分析仪。这一气体分析仪发出一束红外光，在适当的频率下切换，并通过滤波手段限制在目标气体吸收光谱的适当波段，该能量通过包含待测气体的样品区域。选择器腔室以远低于切换频率的速度交替插入光束中。一个选择器腔室包含一定量高压待分析气体，另一个腔室包含一定量同一低压气体。一个光电检测器将辐射能量变化转换为样品区域中目标气体浓度变化。以现在的眼光来看，Burch等的发明在概念上与惠普Capnometer非常相似。虽然Capnometer的“负滤波”技术分别在信号通道和参比通道中使用了一个包含100%目标气体（CO_2）的单元和一个包含100%惰性气体（N_2）的单元，而Burch等的双单元分析仪分别使用了一个包含高压下目标气体的单元和一个包含同一气体但在低压下的单元作为信号通道和参比通道。这两种气体检测技术的信号处理方法是相同的，每种都依赖于使用信号通道输出与参比通道输出的比值作为处理参数。

1974年，Blau（Blau, 1974）首次报道了用于NDIR气体传感器的双光束结构设计（参见第1章1.3.4节）。在他公开的发明中，将样品和待测气体的吸收光谱进行关联，通过非色散系统分析样品区域中的气体以确定特定待测气体的存在。辐射透过样品区域和一个滤光片，该滤光片用于筛选出待测气体吸收带内的一个窄频带，进而到达检测器。检测光束通过样品池产生待测物特征吸收对应的单吸收线或多吸收线即吸收信号，以及与待测物特征吸收线相邻但不受样品区域吸收变化影响的吸收线即参比信号。简单来说，Blau创建了两个通道，一个是信号通道，另一个是参比通道。通过使用正确的滤光片，信号通道输出受样品区域中目标气体的影响。选择另一个滤光片，其光谱上略微偏离目标气体的吸收线，使参比通道输出不受样品区域中气体存在的影响。因此，就像“双光束结构设计”一样，通过取信号通道和参比通道输出的比值作为传感器的处理信号，所有非气体干扰，如光源和检测器特性随时间的变化，都可以被大幅度消除。

1974年，French（French, 1974）公开了一种双波长类型的水分计，这是一种利用双光束结构设计检测水蒸气的红外气体传感器。在French的发明中，一个红外光源提供一束具有恒定强度的辐射，其输出光谱至少覆盖一条水蒸气的吸收带。一个检测器接收从待测材料传输或反向散射的辐射。在检测器组件内部，提供了换能器或转换器，将接收到的辐射转换为两个电信号，一个信号代表在对水蒸气吸收高度敏感的光谱带接收到的辐射强度，另一个信号代表在接近第一个光谱带但对水蒸气不敏感吸收的光谱带接收到的辐射强度。通过取这两个电信号的比值，可以轻松确定材料中的水蒸气量。

1975年，Pembrook等（Pembrook, 1975）公开了一种电子补偿的旋转气体单元分析仪。在这项发明中，一束辐射能量通过一个旋转的气体单元，该单元交替地将光学透明室插入到光束的路径中。一个室内装有一定量和一定压力下的待分析气体，以产生尖锐的吸收线。另一个室内也装有一定量气体，但该气体处于能产生显著谱线展宽的压力下，或者装有一个中性密度衰减器来代替第二个腔室。在两种情况下，都要使两个腔室在所关注的光谱带内平均透过率基本相等。然后，光束通过一个样品区域（含待测气体）后，由一个光电探测器对该光束进行检测。通过与光电检测器相连的滤光片，使得检测器的辐射能量响应与待测气体特征吸收所对应光谱区域相适应。一个电子系统对光电检测器的输出信号放大，并解调出频率与气室旋转速率相对应的信号分量。如果样品区域中没有特定的气体，两个单元腔室具有相等的平均透过率，因此不产生这个信号分量。然而，如果样品区域中存在一定量的待测气体，将会存在一个旋转率信号分量，并且该分量大小与样品区域中该气体的总量成比例。

总的来说，由于缺乏已出版的书籍或已发表在学术期刊上的研究论文，因此难以确定1955年至1980年期间红外气体传感器的研究工作和成果。我们推测，这是因为当时在此领域工作的科学家和工程师出于竞争原因和对商业机密的保护，不被允许公开任何重要发现或结果。由于缺乏发表的作品，唯一可公开获取的信息来源是美国专利及商标局的相关专利。对于这一领域的科学家和工程师来说，这些不同于其他领域传统做法的行为直到今天仍然存在。

第 4 章

1980 年后 30 年的发展

4.1 对 NDIR 气体传感器的需求日益增长

4.2 1981—1990 年期间值得注意的研究进展

4.3 1991—2000 年期间值得注意的研究进展

4.4 2001—2010 年期间值得注意的研究进展

4.1
对 NDIR 气体传感器的需求日益增长

整个20世纪70年代，NDIR气体传感器除了主要应用于医疗行业和研究领域外，在采矿、石油、天然气生产、暖通空调、石化、制药、化妆品以及各种多元化商品制造业等其他行业也得到广泛应用。此时的NDIR气体传感器，尤其是那些采用双光束气体检测方法的传感器，体积大、成本高、相对较重，并且包括诸如机械斩波器的移动部件。20世纪80年代初到90年代，NDIR气体传感器在各方面的应用迅速增长。从20世纪80年代开始，随着安全、效率、生活质量、个人健康和舒适度的要求变得越来越高，对NDIR气体传感器的需求也越来越多。这些需求不仅关注数量、可用性和对各种气体的检测能力，还关注这些传感器的大小、耐用性和成本。

从20世纪80年代开始，随着低成本微处理器平台的出现，NDIR气体传感器的研究人员和开发者专注于设计结构紧凑、重量轻、没有机械运动部件或聚焦光学部件的新型传感器。这标志着红外气体传感器从机械-光学系统发展到电子系统。此外，传感器的成本也大大降低。回顾以前，当对气体传感器的需求突飞猛进时，人们关注的焦点不仅仅是NDIR气体传感器本身。对气体传感器的需求也带来了除NDIR以外的气体传感技术的发展，最值得注意的技术是电化学、固态导电（TGS）和光电离技术。因此，当时NDIR气体传感器也受到其他技术，特别是电化学气体传感器带来的巨大竞争压力。尽管电化学气体传感器的性能相对较差，但其成本非常低，体积小，且容易检测低至百万分之一（ppm）级的大量气体。

4.2
1981—1990 年期间值得注意的研究进展

下面简要总结了1981—1990年期间美国专利及商标局专利中披露的值得注意的发明。

1981年，Eden（Eden，1981）公开了一种氧化钒薄膜，这种薄膜可在高反射率和高透射率状态之间切换，这项发明代表了首个没有任何机械移动部件的光束切换装置。遗憾的是，由于切换薄膜光学透明状态所需的加热或冷却脉冲会导致始终需要存在以相同切换频率出现的红外源，因此它无法方便地用于切换红外光束。

1985年，Maiden（Maiden，1985）公开了一种用于测定空气中碳氢化合物浓度的非色散光学检测装置。该装置包括一个用于容纳混合气体样品的样品室、一个发射特定波长红外光的光源（波长与待测气体的特征吸收决定），红外光穿过样品室后被检测器检测，还包括一个用于改变样品室内气体压力的换能器，以便在不同压力下测定光强度的变化。样品室的一面壁由音圈式换能器驱动的柔性膜片构成，以使样品室内气体压力在大气压上下反复切换。气体通过一个多孔塞进入样品室，该多孔塞限制气体流量至较低水平，从而使样品室内的气压能够发生变化。气体的吸收与光源辐射I_S以及检测的辐射I_M相关。通过检测在不压力下，压力的变化Δp和光强度变化比率$\Delta I/I$确定气体的浓度。

1986年，Wong（Wong，1986）扩展了他在20世纪60年代末首创的著名的“负滤波”方法，研发了具有自校准功能的惠普医学二氧化碳分析仪。在分析仪中除了已经使用的两个气体室（一个含量100%的CO_2参比气体室和一个含量

100%的N_2参比气体室）外，还有第三个参比气体室（有5%的CO_2气体与100%的N_2）。一种结构非常复杂且带有镜组装置的双轮滤光片被用于建立标准通道，该通道不受样品室中存在的目标气体的影响，这样，分析仪就能一直调整所测得的比值，不断根据标准通道信号进行校准。虽然这项发明的方法确实新颖，具有优越的性能，但它的方向是错误的。因为当时NDIR气体传感器的发展趋势是朝着更简单、更小和更低成本的方向发展，而不是发展为更复杂、更昂贵的仪器。

同样在1986年，Yamada（Yamada，1986）公开了一种气室结构紧凑的气体分析仪。该发明的目的是为单光波长型的红外气体分析仪提供一种极其简单而又有效的改进方法。该气体分析仪有一个光源和一个与光源配套的气室，来自光源的光通过气室被串联的检测器接收。气室是一个简单的空心圆柱体。光源安装在一端，而检测器安装在另一端，透光口密封。气室安装一个可旋转的滤光片，用于调节光源，同时还设计了一个远离光源的气体入口。

1987年，Aoki等（Aoki et al., 1987）公开了一种具有可以改变光入射角度的干涉滤光片的气体分析仪。这种气体分析仪的光路上设计的孔径以及光路上的多层干涉滤光片，可以改变每个传感器与相应孔径之间的距离，或者通过改变孔径的大小可以改变光在相应滤光片上的最大入射角。因此，通过孔中心到达检测器的光波长也会相应地发生变化。

同样在1987年，Wong（Wong，1987）公开了一种没有运动部件的非色散气体分析仪。在本发明中，这种多组分非色散气体分析仪通常用于检测汽车尾气排放和医用呼吸分析仪中的气体浓度。其没有运动部件，但采用电动操作装置选择一个特定的滤光片来确定特定波长。该装置可以有效地从光路中移入和移出一个参比气体室。装置的末端上沉积了一层二氧化钒基材。该层材料在温度大于67℃时是一种很好的反射材料，在较低的温度下只有少量反射。电路控制选择加热该层材料，冷却后提供所需的光源，并且实现了开关作用。该装置整合电路控制的反射材料与参比气体室以及滤光片为一体。

还是在1987年，Burough等（Burough et al., 1987）公开了一种用于检测气体的方法和装置。利用这种方法研发了一种通过红外吸收来检测大气中特定气体的分析仪。该分析仪有一个由多孔管封闭形成的空气柱，该多孔管的平均孔径能允许气体通过它快速扩散。在管内有一个红外光源，一个红外检测器和一个光学滤光器，该滤光器允许通过红外光的波长对应待测气体最强吸收。该分析仪有一个时基发生器来使红外光源脉冲式发光，还有电子装置来测量探测器输出的最大和最小信号，并有一个仪表指示最大值和最小值之差，以此作为空气柱中气体浓度的指标。

1988年，Thatcher（Thatcher，1988）公开了一种用于预防婴儿猝死综合征（SIDS）的呼吸暂停监测仪。婴儿呼出的气体被收集在面罩里。红外光源向面罩发射红外光，只要婴儿持续呼吸，呼出的CO_2气体就会吸收一部分的红外能量。如果婴儿意外停止呼吸，红外检测器会对由此产生的红外能量变化作出反应激活警报，值班人员能够迅速采取适当的救护行动。

同样在1988年，Wong（Wong，1988b）公开了一种用于检测弱吸收气体的紧凑装置。众所周知，使用非常长光程的样品池可以检测对红外光吸收较弱的气体，但这在紧凑或便携式仪器中很难实现。在Wong的这项发明中，光可以在有限体积空间中传播数千次。光在一个封闭的光路中循环，在经过所需数量的循环后，光从封闭的光路中射出。通过位于封闭光路中的偏振分束器和普克尔斯盒来实现光进入封闭光路以及从其中射出。光由偏振分束器引入封闭光路，并被赋予特定的偏振态。在第一次循环中，普克尔斯盒使光的偏振方向改变90°，从而防止光通过偏振分束器反向射出。在完成所需次数的循环后，普克尔斯盒再次使光的偏振方向改变90°，这样光就可以通过偏振分束器被重新导向射出封闭光路。

1989 年，Wong（Wong，1989）公开了一种用于红外波段的无运动部件的高速红外快门。该装置包括一层沉积在二氧化硅绝缘层上的二氧化钒薄膜，此二氧化硅绝缘层生长在一片薄的半导体硅衬底上。各层之间有良好的热接触，但二氧化钒和薄膜与硅衬底之间是电绝缘的。通过向半导体衬底通入加热电流来加热二氧化钒薄膜，并通过辐射进行冷却。持续监测二氧化钒薄膜的电阻，并利用该电阻来控制加热电流的通断。

同样在1989年，Schoennauer等（Schoennauer et al., 1989）公开了一种用于红外辐射的共振压电滤波的工作原理。该滤光器是一种从光路中插入和移除几个滤光片的装置，可以随时确定每个滤光片与光路的瞬时位置关系。它包括一组安装在谐振压电系统上的滤光片。该滤光器还包括参比轨道和沿振荡运动方向延伸的二进制标记的序列。参比通道通过光学读取以产生一系列二进制电信号，这些电信号经过处理产生载波和滤光片相对于固定光路的瞬时位置。

4.3 1991—2000 年期间值得注意的研究进展

1991 年，Wong（Wong，1991a）公开了一种使用温差

源进行NDIR气体分析的光谱比值技术。这个发明利用了当时红外组件最先进的技术。它是一种电子可调制红外微光源。这种微红外光源本质上是由一种特殊材料制成的小型厚膜电阻。它能够以相对较高的速率加热和冷却（通常高达100Hz）。另一项当时最先进的技术是窄带滤光片。人们不仅可以制造出具备一个中心波长的窄带滤光片，而且也很容易获得具备两个光谱分离中心波长的双通道窄带滤光片。通过将光谱比值技术用于测定没有运动部件的特定气体浓度的仪器，设计了一种非常紧凑的气室。该仪器使用一种具有辐射功能元器件的装置作为辐射光源，该辐射元器件的温度在T_1和T_2之间交替变化，它的光谱输出与黑体的近似。来自这个辐射源的光通过一个双通道滤光片，该滤光片有两个不重叠的波长通道，其中一个位于待测气体吸收的波长，另一个位于样品不发生吸收的波长。在通过这个滤光片后，光通过样品室后被一个检测器获取，产生一个特定的电信号。电信号处理后指示出气体的浓度。

在20世纪90年代，推动新型NDIR气体传感器设计的一个特殊用途是火灾报警器。要理解为什么会这样，我们只需要意识到燃烧是一个氧化过程。为了检测火灾的发生，除了检测火灾中的烟雾外，人们还认识到检测火灾中的其他化合物的重要性。常见火灾必然产生三种废气，即CO、CO_2和H_2O。能检测出前两种气体和烟雾的报警器相比20世纪90年代常见的烟雾检测器显得十分先进。如果设计和构造正确，一个火灾报警器不仅可以检测烟雾，还可以检测CO和CO_2，不仅可以消除假警报，而且还将成为一个响应更快、更可靠的火灾报警器。

换句话说，为了制造出比普通大众使用的烟雾报警器更好的火灾报警器，需要更好的气体传感器来检测CO和

CO_2。这些报警器并不限于使用任何一种特定的技术。事实上任何能完成这项工作的技术都可以使用。可以满足尺寸、单位成本和性能要求的最有前途的技术是NDIR传感器和电化学传感器。从NDIR的角度来看，当时的技术距离准备好迎接这样的挑战还有很长的路要走。然而，我们的目标是制造一个比烟雾报警器更好的火灾报警器，这为20世纪90年代设计和开发更好的NDIR气体传感器提供了动力。

1991年，Wong（Wong，1991b）公开了一种简单的火灾报警器的设计，它比当时广泛使用的烟雾报警器对某些类型的火灾反应更快，比如就像室内圣诞树失火这样的火灾。这个报警器可以检测与燃烧有关的CO_2浓度。通过检测位于CO_2强吸收波段波长的吸收来检测CO_2浓度的增加。该装置大大简化了结构，通过使用一个对CO_2具有高度渗透性的样品室窗片，它能防止灰尘、烟雾、油和水的进入。这种火灾报警器可以用价格非常低廉的原材料制造。

事实证明，使用NDIR气体传感技术检测CO_2是相对简单和直接的方法，因为CO_2在4.26μm处有很强的吸收峰。一个非常短光程（例如4.0in）的气体室就可以检测百万分之一级的水平。因为4.65μm处的吸收峰是4.26μm处吸收峰强度的十分之一，若用此吸收峰准确检测相同浓度的百万分之一级别的CO气体，则需要光程为60.0in或更长，但由于利用CO气体检测的火灾报警器的尺寸必须很小，而同时要求光程很长，这对其气体室的设计构成了非常大的挑战。这一挑战进一步为这类设备及其相关的气体传感方法的发展提供了动力。

1991年，Wong（Wong，1991c）公开了一种紧凑的气体波导管，它具有足够长的光程以检测气体对红外光的吸收。它是由一块盘旋的蛇形通道的材料制作而成的。蛇形通道的内壁涂有高反射材料，可以作为光传播通道。波导管周围空间中的气体可以扩散到蛇形通道内。波导管是由两个圆形半面连接制作而成的，每一半面内具有细长的凹槽。这两个圆半面用塑料材质制成，凹槽数量相等且成本低廉。

1992年，Wong（Wong，1992a）公开了一种紧凑的低成本火灾报警器，它通过检测环境空气中CO_2浓度的增加来快速响应。该报警器还计算了CO_2的增长速率。该报警器通过使用红外辐射的温差黑体源和双通道滤光片相结合的方式，没有使用运动组件。其中一个通道位于CO_2的4.26μm吸收峰处；另一个通道位于2.20μm吸收峰处，这个位置大气气体没有吸收峰。第二个通道作为参比，使报警器避免空气中灰尘和烟雾颗粒或某些部件老化引起的误报。报警器有一个气体波导管，该波导管由蛇形通道的材料组成，蛇形通道的内壁对光具有高度反射性。

用防误报的火灾报警器来取代烟雾报警器的需求更好地推动了NDIR气体传感技术的发展，除此之外，在20世纪90年代早期还出现了一种小型、坚固和低成本的CO_2建筑通风控制传感器，用于节约能源。所谓的按需控制通风（DCV）方法，就是检测建筑物不同区域的CO_2浓度，以确定被输入建筑物的外部空气量与实际需求之间的动态平衡。与传统的将室外空气输送量调到按建筑物最大占用率需求的方法相比，CO_2传感器可以提供重要的反馈控制，根据建筑物实际占用率调节室外空气的输送量，从而节省能源成本。这成为继续推动科学家和工程师设计一个小型、坚固和低成本的没有运动部件的CO_2传感器的另一驱动力。

1992年Wong（Wong，1992b）公开了一项具有里程碑式意义的NDIR气体传感器技术。该气体传感器是扩散性波导管，它由一个细长的空心管组成，空心管具有一个向内的镜面反射表面。空心管作为一个光管将光从光源传输到检测器。空心管中带过滤孔的内壁允许样品气体在环境压力下自由进出。通过使用空心管中贯穿过滤孔的半透膜将尺寸大于0.1μm的烟雾和灰尘颗粒排除在腔室之外。通过将样品室有关组件电加热至所关注组分的露点以上的温度来防止样品气体组分冷凝。图4-1显示了这个所谓“波导管”的示意图。事实证明，这项看似简单的发明首次提供了一种简单、小型、坚固、成本极低，且不使用光学运动部件的NDIR气体传感器。Wong在1993年由于这一成就获得了著名的光子学卓越奖。

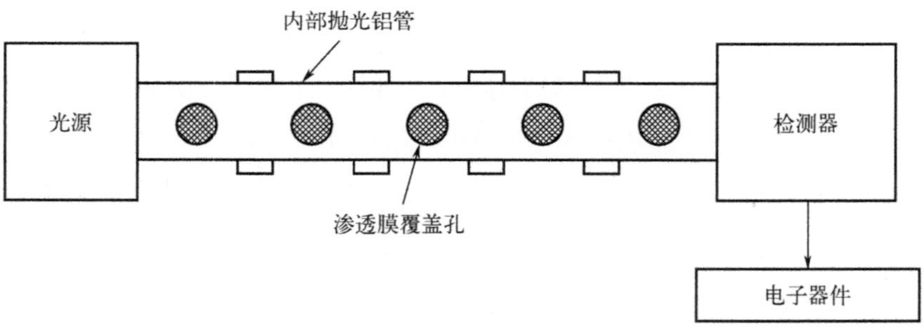

图4-1　获奖的“波导管”

1993年，Wong（Wong，1993）公开了一种用于气体分析的多通道气体波导管，该气体波导管包括具有向内的镜面反射表面的细长中空管，空心管作为一个光管将光辐射从源传输到检测器。细长的空心管的壁上的过滤孔允许样品气体进入和退出。通过使用贯穿滤孔的半透膜，将尺寸大于0.1μm的烟雾和灰尘颗粒排除在腔室之外。通过将波导管有关组件电加热至待测组分的露点以上的温度，可以防止样品气体组分冷凝。在一种实施方案中，至少一个检测器围绕细长中空管的周边设置且靠近一端。在另一种实施方案中，至少一个检测器沿着细长空心管的长度间隔分布。

1994年，Wong（Wong，1994a）公开了一种有毒气体传感器的功能检测方法。NDIR有毒气体传感器可以通过使用一种无毒气体来检查操作，该气体的吸收峰与待检测有毒气体的吸收峰重叠。NDIR传感器无法区分这两种气体中的哪一种导致了传感器中的辐射吸收。由于有毒气体的传感器通常在低浓度水平下工作，因此有毒气体和无毒气体的吸收峰之间的重叠程度可能相对较小，因此可以使用高浓度的无毒气体而不会产生不良影响。该方法可应用于检测例如一氧化碳或甲烷的传感器。

同样在1994年，Wong（Wong，1994b）公开了一种改进的扩散型气体波导管，其中包括一端封闭的细长中空管，具有镜面反射的内表面。一个辐射光源和一个辐射检测器并排安装在空心管的开口端。在管中有多个过滤孔，每个孔覆盖半透膜，以防止空气中大于给定尺寸的颗粒进入气室，同时不干扰检测波导管内外气体的自由扩散。使用一端封闭的细长空心管不会影响辐射光源传导到检测器的效率，同时可使波导管的外部长度缩短50%。

1994年，Wong（Wong，1994c）再次公开了一种使用光谱比值技术的NDIR气体分析方法。一种用于测定样品中可能存在的特定气体浓度的仪器，它没有运动部件，而且非常紧凑和便宜。一种新型的光波导管结构，既可以作为光学元件，又可以作为样品室。作为光学元件，波导管从位于波导管入口的黑体光源采集光辐射，并将光辐射通过波导管传递会聚到安装在波导管另一端的两个红外检测器上。作为采样室，波导管使光辐射经历多次反射，从而使等效光程大大长于波导的物理长度。每个检测器都有自己对应的光学滤光片。它确保了每个检测器只对通过其滤光片的光辐射做出响应。一个滤光片选择性透过与待测气体特征吸收峰相一致的波段。另一个滤波片则对应样品不吸收或吸收较弱的波段。由检测器产生的电信号处理后提供一个比率，该比率的值与待测的特定气体的浓度相关。

到20世纪90年代中期，为了节约能源，按需控制通风策略调节建筑通风的应用引起建筑承包商的关注。但这种应用的增长速度缓慢得令人失望。没过多久，这种应用增长缓慢的主要原因是大多数已安装的NDIR CO_2传感器随时间的变化，输出变得不稳定。这使建筑承包商处于进退两难的境地。除非安装的NDIR CO_2传感器每6个月到一年检查一次，否则无法判断它们是否仍然能正常工作。而且，如果发现它们不准确，就必须重新校准。因此，维持传感器准确的成本可能会抵消DCV带来的成本节约。另一方面，如果不检查已安装的传感器，CO_2读数可能会使节能无效，在某些情况下甚至可能会浪费能源。因此，必须采用不随使用时间改变的NDIR CO_2传感器来解决这个难题。但是当时NDIR传感器技术还无法解决这个难题。

幸运的是，在1994年，Wong（Wong，1994d）公开了一种可应用于NDIR CO_2传感器自校准的方法，该方法可以通过软件补偿其输出随时间变化产生的漂移与误差。包含在每个循环中的一些循环变量都可以通过外部方法确定其数值。在这种情况下，检测值与已知值的差异可能是传感器的长期漂移变化和随机检测误差的组合。可以用以下方法来计算和消除变化数值。对于若干个循环周期，每个循环周期内固定时间内传感器检测变量的数值应该等于外部已知的值。绘制出输出信号随时间变化情况，并确定一条最佳拟合直线，确定表明变化数值。在下一个整循环周期中，当变量被连续地检测时，由最佳拟合曲线确定的变化数值被连续地应用于校正所检测的数值。

事实证明，大城市的市中心或市中心附近的商业建筑，为了节省能源应用DCV，传感器输出漂移是不可避免的。这些是应用自动校准的CO_2传感器的最佳场景之一。一个循环周期的时间可以是24小时或几天。但需要注意的是，每天凌晨2点到4点左右，在建筑清洁后除了一两个警卫外，大楼里几乎没有人。而且在这个时候外面的街道很少有汽车出现。在这种情况下，CO_2建筑内的浓度水平可能在4×10^{-4}～4.5×10^{-4}之间。由于这种情况可能每24小时重复一次，因此这种循环非常适合应用上述NDIR CO_2传感器的自校准方法，以消除输出随时间变化的漂移。事实上，这种自校准方法被广泛应用于DCV的NDIR CO_2传感器的应用程序中，它有一个常见的名字称为“自动背景校正”，或简称为“ABC”。当前超过90%销售量的用于DCV的NDIR CO_2传感器都应用ABC软件，以补偿传感器的输出漂移变化。过去的很长一段时间里，由于ABC软件将有助于解决NDIR CO_2传感器的输出漂移变化问题，由DCV建立通风控制以节能的传感器终于开始向前发展。

1995年，Wong（Wong，1995a）公开了一个用于干涉光源的气体波导管。气体波导管特别适合用于半导体激光器的具有镜面反射内表面的细长空心管，半导体激光器位于管的一端，检测器位于管的另一端。在一个实施方案中，管壁上的孔允许气体通过自由扩散进入和离开波导管。在另一实施方案中，气体通过加压经由端口流入中空管，或者通过吸入泵吸入中空管。在其他实施方案中，中空管通过位于管内部的窗口被分成两个连续的部分。该窗口可以透过两种不同波长的光，它们与两种不同气体的吸收峰相对应。半导体激光器依次调谐波长可以同时检测两个气体组分。

同样在1995年，Wong（Wong，1995b）公开了一种激光辅助的准黑体辐射光源。提出了一种高效地将输入能量转换为准黑体输出光的方法。包括通过一个或多个窄带光波长选择元器件对波长调节。这个输出光束的强度可以快速变化，从而缩短检测时间，并使同步检测技术能够在合理的频率下实现。一个反馈机制集成到该装置中以实现准确地控制黑体温度。这种辐射光源可以通过传统的集成电路制造技术来制造，从而制造一种廉价的准黑体光源。

还是在1995年，Wong（Wong，1995c，e）公开了一种加强的长光程的气体波导管。非色散红外气体分析仪的灵敏度随光程的增加而增加，这增加了待测气体对红外光的吸收程度。这个发明包括添加一种进一步增加等效光程的多次反射。在一个实施方案中，多次反射器件由高反射的细长圆柱体组成，其轴线与管状腔室的轴线一致。在另一个实施方案中，样品室包括汇聚部分，其较小端连接到均匀的细长管端面。这些改进同时适用于泵送型和扩散型波导管。

同样在1995年，Wong（Wong，1995d）公开了一种微型NDIR气体传感器。这种微型NDIR气体传感器是利用半导体材料（比如Si或GaAs）通过微加工技术制造而成的。NDIR气体传感器包括光波导、波导终端的光源、至少一个在光源末端的光检测器。光源和光检测器之间的扩散型气体波导管，使得光源和光检测器与气体样品间热隔离。在光源和每个光检测器之间设置单独通道的滤光片。由于NDIR传感器是由半导体材料制造的，因此可以使用集成电路制造技术将光源驱动器和信号处理电子设备直接整合到传感器中。通过在波导管壁的孔口上的透气性过滤膜可以将颗粒、烟雾和灰尘阻挡在波导管之外。

1996年，Wong（Wong，1996）公开了一个扩散型气体波导管的专利。采用了非色散的红外气体分析技术，样品通过大气压力扩散进入波导管进行浓度检测。波导管里具有一端封闭的管状结构，另一端装有辐射光源和并排安装的检测器。管状结构的封闭端内向表面是镜面反射的，因此波导管的光程是其物理长度的两倍。尽管波导管内有干扰气体的存在，位于光路中的气体过滤单元仍可以精确检测被检测气体的浓度。环境气体通过该膜扩散进入并离开波导管，一个固定在波导管壁上的小超声波振动器可以防止不需要的颗粒聚集在半透膜上。

1997年，Wong（Wong，1997a）公开了一种性能改进的防误报的火灾报警器。这种火灾报警器大大降低了产生误报的概率。一个与门（AND门）对第一和第二火灾探测模块的输出做出响应，这两个模块分别用于探测火灾的第一和第二特征，如果这两个特征都被检测到，则火灾的报警器会发出检测到火灾的信号。至少设置了一条旁路，以便能够对某种特定类型的火灾发出警报，而这种火灾不会经由上述“与”门的输出来报警。

同样在1997年，Wong（Wong，1997b）公开了一种被动式红外气体传感器。该传感器使用环境温度源，检测器组件和环境温度源之间的空间作为波导管。这种红外气体传感器包括一个红外检测器组件，用于产生第一输出、第二输出和第三输出。其中，第一输出表明检测器在第一个非中性光谱带接收到的辐射情况，该光谱带对应待测气体的特征吸收；第二输出表明检测器在第一个中性光谱带接收到的从被动红外源发出的辐射情况；第三输出表明检测器在第二个中性光谱带接收到的从被动红外源发出的辐射情况。信号处理装置用于处理三个输出量以确定被监测气体的浓度。通过在检测器组件中增加额外的检测器，可以检测对应其他特征吸收光谱带的待测气体，这种红外气体检测器可以用于监测多种气体的浓度。

在1997年，Wong（Wong，1997c）再次公开了一种实用和改进的火灾报警器，它将NDIR CO_2气体检测器和光电烟雾报警器相结合，通过逻辑手段来最小化误报。它可以集成到具有一个专用集成电路（ASIC）部分和一个微处理器部分的单个芯片上。NDIR CO_2检测器可以是单通道或双通道。NDIR CO_2气体报警器和光电烟雾报警可以分开或组合在一个单独的设备中，它们虽然被一个不透光屏障进行光学隔离，但仍然使用共同的光源。CO_2和烟雾报警器可以整合在普通外壳包裹的一块基板上。

1998年，Wong（Wong，1998）公开了被动和主动红外分析气体传感器以及适用于多通道传感器组件。这个发明提供了用于气体浓度检测和监测的多通道红外传感器组件。传感器组件包括：具有用于接收红外辐射端口的传感器外壳；安装在传感器内的电路板，其中电路板具有三个孔以传输进入传感器组件的光；在电路板底部制作的第一、第二和第三热电堆检测器，每个热电堆检测器的热端位于电路板中的一个孔上，以便接收通过孔传输的光，每个热电堆检测器的冷端也位于电路板；安装在电路板顶部的第一个干涉滤光片器覆盖第一个检测器上的孔，并且第一个滤光片插入端口在和第一个检测器之间。第一个检测器上的孔设计为第一个波段的光通过。第二个干涉滤光片安装在电路板的顶部，第二个检测器上的孔设计为第二个波段的光通过。第三干涉滤光片安装在电路板的顶部，第三个滤光片覆盖第三个检测器上的孔，第三滤光片插入端口在第三检测器之间。第三个干涉滤光片被用于第三个波段的光通过。所公开的红外传感器组件可以用于具有有源的传统NDIR气体传感器，或使用被动红外温度源、检测器和源之间的空间作为样品室的气体传感器。

4.4 2001—2010 年期间值得注意的研究进展

2001年，Lampert等（Lampert et al., 2001）公开了一种用于内燃机燃料预蒸发控制的动态红外传感器。红外传感器感知气化燃料中的碳氢化合物含量，发动机控制模块用这些信息来控制发动机燃料的最小排放。红外传感器控制已气化的燃料保持在其爆炸下限以下，热电堆检测器电子与光脉冲频率同步，产生快速信号响应来控制燃料的燃烧。

2007年，Wong（Wong，2007a）公开了一种被动式NDIR气体火灾报警器，一种使用无源NDIR气体传感器的火灾报警器和火灾报警器方法。该传感器基于CO_2的15μm和H_2O的6.27μm吸收峰产生的信号，火灾报警器接收传感器信号，并在达到设定标准时产生报警信号。NDIR传感器有一个具有高发射率（例如约1.0）的被动红外光源（如一个非常薄的黑色塑料材料薄膜）和一个发射率较低（例如约0.03）的波导管。被动红外光源、红外检测器及热交换器均耦合到波导管。火灾发生时，进入波导管的气体先通过热交换器，它和红外检测器的温度低于被动红外光源的温度，而被动红外光源和检测器之间的温度差会增加。波导管和热交换器可以由铝材料制作而成，其内表面可以涂覆疏水膜材料。

同样在2007年，Wong（Wong，2007b）公开了一种被动式NDIR CO_2火灾报警器。这种带有被动CO_2传感器的火灾报警器是根据CO_2在15μm吸收峰产生信号并在达到设定标准时产生报警信号设计的。这个被动CO_2传感器由一个具有一定源温度的被动红外光源、具有气体介质温度（低于源温度）的波导管、一个热交换器（当二氧化碳气体进入波导样品室时，热交换器可降低其温度，并且可能与样品室进行热耦合）和一个具有检测器温度（低于源温度）的红外检测器组件组成。被动红外光源的外表面具有较高的发射率，而检测器组件和波导管（可以相互热耦合，但与被动红外源不进行热耦合）具有较低的发射率。

还是在2007年，Wong（Wong，2007c）公开了一种超低功率NDIR CO_2火灾报警器，用于火灾时产生报警信号。NDIR CO_2传感器基于CO_2的15μm吸收峰产生的信号，当信号处理器接收到传感器信号与设定标准一致时表明有火灾发生。依赖于检测器的检测算法来识别传感器信号强度的大幅下降。NDIR CO_2传感器还可以生成一个基于FWHM=0.5μm的9.0μm中性波数的参比信号，而信号处理器基于利用代表CO_2的同步输出信号的算法，当满足指示火灾发生的设定浓度标准时产生警报信号。

仍是在2007年，Tse等（Tse et al., 2007）发明了一种用于按需控制通风的低成本的降噪无线传感方法。这是一种降低按需控制通风成本的方法。部署的无线CO_2传感器包括整个室内空间的相对湿度和温度传感器，不需要布线。同时使用免许可证的902～908MHz频段，使用软件控制顺序传输异步接收系统（STARS）。

同样在2007年，Wong（Wong，2007d）公开了一种使用超级波导管检测气体类型的方法。这是一种通过将从一个或多个光源发出的红外光引入样品室来检测一种或多种气体浓度的方法，该样品室是一个三维方向上多个弯折角度总和大于180°的空心波导，红外光被聚焦后以相对于靠近光源的样品室第一直线纵轴0°～10°的入射角被准直成一束光束进入气室，然后检测器采集两个或多个信号，其中一个信号用来补偿水蒸气信号。该方法可以检测到低至10^{-6}或更低的浓度的气体。

2008年，Wong（Wong，2008a）公开了一种简单的多通道NDIR气体传感器。N种气体的浓度可以通过一个具有差分红外光源的单光束NDIR气体传感器来检测，这种传感器有一个（N+1）通道滤光片（具有中性通道和N种气体的N条吸收通带）。通过驱动红外光源在N个不同的温度下发射光谱，其辐射输出以N条对应的普朗克曲线为特征，这些曲线只依赖于各自的光源温度，并关联一个光谱辐射发射强度（M_λ），然后检测单个红外检测器上的N个检测器输出，并检测到包含的N个不同种类气体的浓度，每种气体都有自己独特的红外吸收峰。这是通过以下过程实现的：①建立N个因果关系方程，分别为N个不同源温度和传感器组件的一组相关参数设置检测器的输出；②利用适当的边界条件确定N个方程的所有参数的值，除了N种气体对应的浓度，③用测得的N个检测器输出求解N个浓度，存在N个方程和N个未知数，其中N是2或更大的整数。

同样在2008年，Wong等（Wong et al., 2008b）公开了一种超低成本的NDIR气体传感器。通过使用单光束NDIR气体传感器来检测气体的浓度，其中红外光源元件在两种不同的温度下工作。反馈电路感知红外光源的工作电压，差分增益放大器在高周期循环期间产生高周期放大输出，在低周期期间产生低周期放大输出。同时控制器同步光源驱动器，以便信号处理器可以通过高周期放大输出信号和低周期放大输出信号来确定气体浓度。红外光源可以是一个非真正的黑体光源如白炽灯。波导管是一个具有保温功能的铝管，保持在设定温度大于环境温度，灯泡通过玻璃密封，在其低循环运行状态下，平衡温度保持在30℃ ±2℃之间。

第 5 章

NDIR 气体检测现状

5.1 发展简介

正如第1章提到，自20世纪60年代以来，非色散红外（NDIR）气体传感器一直被认为是检测气体的最佳方法之一。而其他检测气体方法包括电化学电池、催化（铂珠）传感器、光电离检测器、火焰离子化检测器等技术则通常被称为“交互式”气体检测器。交互式传感技术往往会受到其他气体和环境因素的干扰，且响应信号会随着时间的衰减，导致使用寿命不长。可调谐二极管激光吸收光谱（TDLAS）是近期才发展起来的一种优异的气体检测技术。该技术使用激光作为可调谐相干辐射光源；然而，由于激光波长范围有限，不能覆盖很多重要气体的吸收带，必须使用非常昂贵的量子级联型激光器才能覆盖这种吸收带，因此TDLAS传感器迄今尚未被广泛使用。其他更先进的光学气体传感器是利用由Ⅲ～Ⅴ主族三元半导体材料制成的红外发光二极管（IRED），如$InAs_{1-x}Sb_x$，通常在特殊应用领域中才会使用，其中传感器尺寸、响应速度（1ms或更短）和超低功耗（<1mW）等因素至关重要。基于纳米技术的新型气体传感器是未来气体检测的一项重要技术，但是该技术还不够成熟可靠，必须经过多年的测试应用才能被认可。综合比较，在过去的十年里，NDIR气体传感器虽然并不完美，但仍然被认为是非常优异的气体检测技术，具有气体特异性高、灵敏度高、响应快速、稳定性好、可靠耐用、便于使用维护、成本合理等优点。

尽管NDIR气体传感器技术经过了近六十多年的不断发展，但传感器性能仍有一个非常重要且明显的缺陷有待克服——传感器信号输出不稳定或随时间漂移。这一缺陷限制了NDIR气体传感器更广泛的应用。例如，如果没有输出稳定的CO_2控制器，要在办公和商场中通过按需控制通风（DCV）来节省能耗会非常困难，因为每隔6个月到一年，需要重新校准来保证这种传感器的准确性，校准费用昂贵。这个问题直到20世纪90年代开发出了传感器自动校正软件才得以解决（见上文第4章第4.3节）。此外，一些销售该类型NDIR CO_2检测控制器的公司声称，他们已经成功地利用自动光源调整来处理NDIR技术的老化效应，解决了传感器输出信号随时间漂移变化问题。但这种未公开的方法从未被证明是真实有效的。因此，暂时解决这一缺陷的唯一可行方案是使用传感器输出校正软件，以保证暖通空调行业实施DCV节能策略。

1994年颁发给Wong的USPTO专利中公开了这款传感器输出校正软件（Wong，1994d）。这种方法可以应用于NDIR CO_2传感器，通过软件对随时间变化输出信号的漂移进行补偿。但这种方法仅在某些非常特定的情况下有效，并不适用于水蒸气的检测。幸运的是，使用这项技术，可以确保一些特殊区域（如市中心或市中心附近）的办公和商业建筑里有效实施DCV策略。内置了此类传感器输出校正软件的CO_2控制器通常被称为安装了“自动背景校正”或简称为“ABC”功能。至今，在办公或商业建筑的DCV应用中，几乎所有CO_2控制器都配备了这种“ABC”输出校正软件。可以毫不夸张地说，如果没有“ABC”软件方法，DCV策略在办公和商业建筑使用时，不会像现在这样稳定可靠。尽管如此，2012年前后据相关团队估计，当时世界上所有符合使用条件的建筑中，只有3%，包括美国的数百万栋政府建筑，实施了DCV策略来节约能源。

5.2
转折点：理解NDIR检测气体的物理原理

截至2010年底，NDIR气体传感器的输出信号漂移问题仍然是该领域研究人员和工程师面临的一个重大且长期的挑战。2011年，Wong和Schell在《传感器评论》（*Sensor Review*）发表了一篇题为“零漂移NDIR气体传感器”的研究论文，表明他们最终在此方面取得了突破（Wong et al., 2011c）。在这篇论文中，作者详细阐述了NDIR气体检测方法的物理原理。

下面从NDIR基本原理开始阐述，以便读者真正理解NDIR气体检测所蕴含的物理原理。有很多常见、重要气体分子的振动/转动大约在2～20μm的红外光谱区域内具有特征吸收，这些吸收是线状或窄带的且不重叠，基于这个现象，研究者在几十年前首次构思了NDIR气体检测技术。这些基于分子官能团振动/转动的红外吸收是特定的，通常被称为红外特征吸收。为了检测特定气体，NDIR气体检测技术首先要选择最具气体吸收特征的红外吸射带。由于特定波长的红外光被待检测分子吸收，使得其光强信号减弱，且减弱的程度与该分子的浓度成比例，从而可以对待检测气体进行定量检测。因此，从检测原理来看，NDIR气体检测技术是相当简单的。

要实现NDIR气体检测技术，需要满足五项条件：①宽带红外光源；②待测气体的红外特征吸收；③气体波导管；④红外辐射波段滤光片；⑤红外检测器及光谱特性响应。一旦具备了这五个要求，就可以设计制造适用于任何待测气体的NDIR气体传感器。

在设计NDIR气体传感器时，使用的红外光源几乎都是灰体，因为这些光源的发射率小于1。然而，普朗克辐射定律包含不同温度下光源的辐射曲线，同样代表了灰体（发射率＜1）和黑体（发射率＝1）光源的情况。图1-7显示了黑体光源在100～1000K温度下的辐射发射率-激发率曲线。从图1-7可以看出，许多重要气体的红外特征吸收大约在2～20μm的中红外区域内，人们可以凭此找到满足NDIR气体传感器设计需求的黑体光源。

设计制造NDIR气体传感器时，首先要确认待测气体的红外特征吸收带。几十年来，许多气体的吸收光谱被检测、分析和列表。如今，许多常见气体的吸收光谱可以从许多红外图谱库中找到（Infrared Analysis，红外分析股份有限公司，1995）。其红外特征吸收通常以吸光度与波长的关系曲线表征。以CO_2气体的红外吸收为例，如图1-4所示。图1-4显示了CO_2在4.259μm处的红外吸收带及其P、Q和R分支。该图还显示了CO_2的吸光度值与波长的关系。气体的吸收值与朗伯-比尔定律中的吸收系数“k”直接相关（见上文第1章第1.3.4节）。

波导管是一个引入待测气体的气室，从光源发出的红外光穿过待测气体后到达检测器。气体由于分子振动/转动吸收了特定波长的红外光，因此检测器能通过检测某特定波段光的损失对待测气体进行定性。多年来，许多不同的形状和尺寸的波导管已经被设计制作、尝试和改进。多年来NDIR气体传感器研发取得巨大进展，令人惊讶。

红外光源是宽带的，发射后不进行色散，通过待测气体以后再滤波检测，使得这项技术的名称有点不同寻常且有趣。早在三个多世纪前，棱镜和衍射光栅就被认定是光学中的“色散”元件，能够在空间上分离不同波长的光。

正如本书前面所述（见第2章），于20世纪30年代首次提出了在光谱上分离不同波长电磁辐射的小型、紧凑和轻质光学元件的概念，并被美国军方作为开发夜视设备工作的一部分。

常规色散元件，如棱镜和衍射光栅，过于笨重不方便使用，色散元件通过偏转来分离不同波长的光，这种分光形式也不受设计者的喜欢。最终，美国军方发明了一种非色散光学元件，这是一种多层干涉滤光片，只允许某特定波长的狭窄光谱带通过，而其他波长的光不能通过，并且不会使通过它的宽带辐射束偏转。1948年，美国国防部向公众解密了这种所谓的窄带干涉滤光片的使用，但直到20世纪60年代中期，气体传感器制造商才可以使用基于这种原理的气体检测设备。非色散红外气体检测技术之所以得名，是因为它使用窄带干涉滤光片（一种非色散元件）作为宽带红外光源的波段滤波器。

要满足NDIR气体检测技术用于实际气体传感器所需的第五个条件也是最后一个条件是检测器。检测器必须能检测到待测气体的特征吸收波长。目前市面上最常见的八种商用红外检测器中（如表5-1所示），只有两种——热释电检测器和热电堆检测器——具有“白色”的光谱响应，这意味着光谱响应覆盖所有波长。热释电检测器和热电堆检测器都是热检测器。尽管热检测器比其他类型的检测器灵敏度低、响应速度慢，但它们成本最低。从表5-1中可以看出，一些检测器的检测灵敏度（通过其D^*检测）比热检测器高出几个数量级。然而，它们的价格也高出几个数量级，这使得检测器在NDIR气体传感器设计中的作用至关重要。对于红外吸收特征性强的气体，当所需的检测灵敏度和响应时间适中时，例如CO_2，廉价的热检测器就能满足要求。

表 5-1　商用红外检测器

检测器	类型	温度 T/K	$\lambda_{截止}$/μm	D^*/ ($cm \cdot Hz^{0.5} \cdot W^{-1}$)	单价 / 美元
热释电	热检测	室温	“白色”	10^8	10
热电偶	热检测	室温	“白色”	10^8	10
PbS	PC	室温	3	10^9	50
PbS（冷却）	PC	193	3.5	10^{10}	150
PbSe	PC	室温	4	10^9	75
PbSe（冷却）	PC	193	4.6	10^{10}	200
InAs	PV	室温	3.5	10^9	50
InAs（冷却）	PV	193	3.2	10^{11}	100
InSb	PC，PV	室温	6.5	10^9	50
InSb（冷却）	PC，PV	77	5.5	10^{11}	200
HgCdTe	PC，PV	室温	3～6	10^9	200
HgCdTe（冷却）	PC，PV	77	3～6	10^{11}	500～1000
外源硅	PC	77	>10	10^{10}	500

注：PC—光电导；PV—光伏。

然而，对于红外吸收特征性比较弱的气体，例如CO，则对检测器的灵敏度要求较高，如果增加波导管的长度（约60in或更长），热检测器可能仍然能满足要求，但传感器尺寸也随之变大。否则，只能采用表5-1中列出的其他类型的检测器，这也使得传感器的制造成本飙升。

早在20世纪60年代初，第一批研究人员试图将NDIR气体检测技术需满足的五个条件简单地罗列在一起，但没有仔细思考和设计，希望达到预期检测效果，结果当然不尽如人意。他们当时的设计通常被称为单光束结构设计（见第1章第1.3.4节）。对当时设计的检测装置之所以非常满意，估计是因为NDIR气体传感器对待测气体确实有响应信号，而检测结果之所以不尽如人意，则是因为传感器输出信号的稳定性受尘埃和环境温度等多种因素的影响，特别是检测信号输出的不稳定性。可以理解，当初他们制作的NDIR气体传感器会出现这些问题。当时的科研人员也很快就发现了他们制作的NDIR气体传感器性能差的原因。他们很快就提出了一种消除或减少单光束传感器误差的有效方法——设计一个参比通道，参比通道的波长与吸收波长不重叠。参比通道除了检测波长不一样外，其他条件设置完全一致，通过取两个通道（即信号通道和参比通道）的输出信号比值，理论上可以很好地消除在单光束传感器中所有引起误差因素的影响。只有波导管中待测气体浓度变化才会影响该比率。现在，我们将这种装置称为双光束NDIR气体传感器（见第1章第1.3.4节）。

这种双光束传感器已经在使用了几十年。但直到2010年底，NDIR气体传感器输出信号随时间漂移的问题仍然存在，似乎没有人明白其中的原因，或者根本不在乎。但是，我们同样可以在Wong和Schell于《传感器评论》（Wong et al., 2011c）发表的题为“零漂移NDIR气体传感器”的论文中找到答案。以NDIR CO_2气体传感器为例，作者将通过检测通道3和参比通道4窄带滤光片对应的4.26μm和3.91μm光谱信号分别叠加在图1-7的普朗克黑体辐射发射率-激发率曲线上。从图1-7可以看出，如果红外光源的温度发生变化，会使普朗克光谱辐射激发率曲线偏移，则通过滤光片的特征波长的信号强度将会发生变化，这使得两个检测器输出信号的比值也发生变化。这正是如今这种双光束NDIR

气体传感器的输出信号随着红外光源的老化而漂移，导致其检测信号和参比信号比值发生变化的原因。因此，检测通道信号与参比通道信号的比值不能保持恒定。相对于传感器的校准曲线，该比值的变化相当于传感器输出信号的变化或漂移。

5.3 新突破：NDIR 零漂移气体传感器

根据上文分析，双光束NDIR气体传感器使用参比通道并不能解决输出信号随时间漂移的问题。要设计零漂移双光束NDIR气体传感器，必须保证红外光源的变化差异不会传递给信号通道和参比通道。只有这样，即使红外光源老化使光谱输出改变，或者环境温度随意变化，信号通道输出信号与参比通道输出信号的比值也基本保持不变。

找到传统双光束NDIR气体传感器输出信号会漂移的原因后，Wong提出了双光束偏吸收（AB）传感器设计方法，以消除或抑制这一缺陷（Wong，2011b）。Wong在实验设计中实现了这一方案，首先他将同一波长的带通滤光片用于信号通道和参比通道。然后样品室的信号气室长度比参比通道气室长度长，将吸收偏压附加到信号通道。图1-9显示了按照Wong的双光束偏吸收方法设计的NDIR气体传感器的光学组件。如图1-9所示，信号通道检测器5和参比通道检测器6均充满100%氮气，并都有窄带滤光片8，用于检测波导管9中的目标气体。例如，用于检测CO_2气体的滤光片的CWL=4.26μm，FWHM=0.14μm。注意，两个检测器5和6通过它们各自的波导管11和12连接到传感器体10，因此它们具有相同的热平台。换言之，传感器主体10是铝合金部件，包括分别用于信号通道和参比通道的红外光源支架13、波导管9、11和12，为检测器5和6提供了很好的公共热平台。

如图1-9所示，参比通道14的光程L_R约为信号通道15的光程L_S的一半。红外光源16的光通过信号通道和参比通道。无论波导管9中是否存在任何浓度的待测气体，信号通道检测器5的输出信号总是小于参比通道检测器6的输出信号。对于特定的待测气体，可通过朗伯-比尔吸收定律（参见第1章第1.3.4节）和窄带滤光片8的设计特性以及参比通道14和信号通道15的长度来决定检测器的信号输出。

从图5-1中可以看出，曲线17表示参比通道检测器6对波导管9中CO_2的浓度响应的函数，曲线18表示信号通道检测器5对波导管9中CO_2的浓度响应的函数。注意，信号通道检测器5的输出信号总是小于参比通道检测器6的输出信号，因为参比通道气的光程L_R比信号通道气路的光程L_S短。因此，当波导管9中存在CO_2气体时，信号通道CO_2气体吸收的特征红外光更多。曲线19显示波导管9中信号通道与参比通道检测CO_2的响应信号比。曲线19是偏吸收NDIR气体传感器的实际校准曲线。

如果NDIR气体传感器的这种偏吸收设计方法真的有效，那么随着时间的推移，这种类型的传感器的信号漂移将被消除或显著抑制。为了验证这种消除信号漂移设计的可靠性，我们联系了橡树岭国家实验室的研究者评估这种方法的理论基础。在2009年9月30日的信中，研究人员Bruce Warmack和Som Shrestha证实：偏吸收或光程相关设

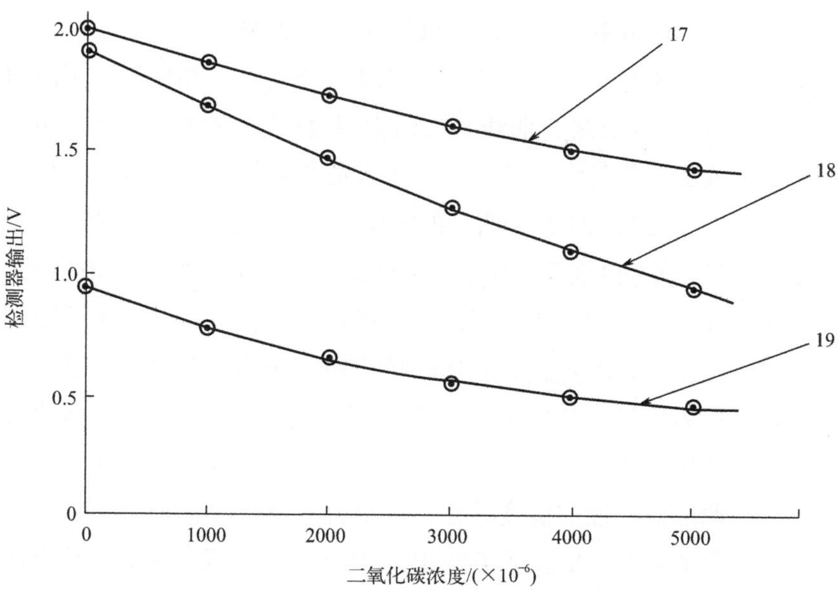

图5-1 信号通道和参比通道信号-CO_2浓度的函数以及偏吸收NDIR气体传感器的校准曲线

计消除了光源变化引起的传感器漂移，解决了现有NDIR传感器校准稳定性的主要缺陷（Warmack et al., 2009）。

虽然相关专家对偏吸收方法的理论基础给出了积极的评估，但必须通过实际的测试数据进行最终确定。因此，设计一个实验来验证这种偏吸收方法的有效性。制作一个包含偏吸收设计的CO_2传感器。由于随着时间的变化，红外光源的输出漂移与工作（黑体）温度成比例，因此改变作为红外光源的白炽灯泡的电压值，以模拟这种光源短期和长期的光源输出漂移。在实验中，按照4.7V、4.5V、4.2V、4.5V和4.7V的顺序以三个不同的步骤调制电压，这是按电源输入功率的20%进行的调制，并能影响其功率输出，通常具有60%～70%的效率。在传统的CO_2传感器中，光源功率输出中小于1%的调制可以引起信号的显著变化。

如图5-2所示，顶部为白炽灯的电压，横轴为测试时间4小时20分钟，曲线1表示测试期间发生的温度变化，由于该测试不是为了显示传感器性能与环境温度的关系，仅为了检测的完整性。曲线2表示了测试期间信号通道的输出信号。曲线3表示参比通道的输出信号，参比通道使用的滤光片与检测通道的相同，但是采用了偏吸收设计，光程要短得多。曲线4显示信号通道的输出信号与参比通道的输出信号的比值。从图中可以看出，测试期间，若CO_2气体的浓度保持不变，在20%幅度内改变红外光源的电压（这与光源黑体特性的温度漂移程度相当），曲线4为水平直线。这些实验数据足以证实NDIR气体传感器的吸收偏置设计方法能够补偿光源输出的显著变化，并能读取正确的气体浓度。

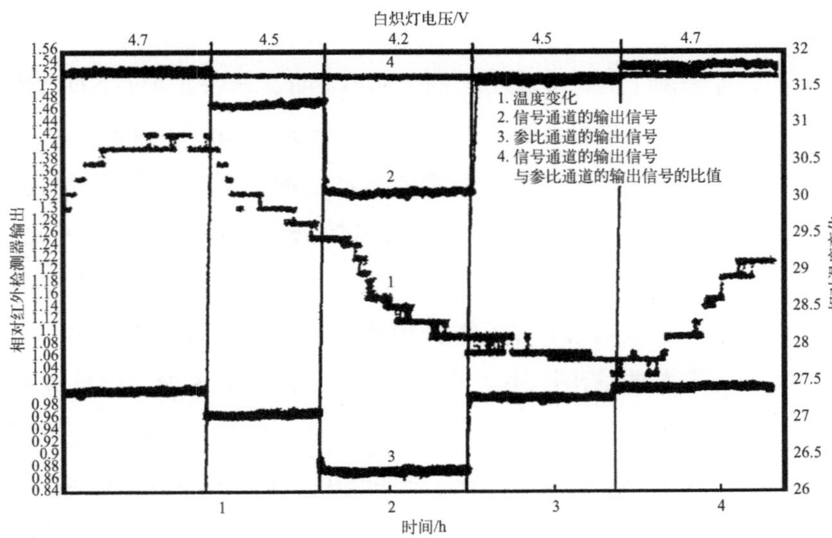

图5-2 偏吸收设计的NDIR气体传感器的输出稳定性与模拟光源漂移的对比

换句话说，通过采用偏吸收设计，第一次消除或显著抑制了NDIR气体传感器信号输出随时间漂移的问题。

5.4 没有标准气体的校准

20世纪60年代，开发NDIR气体传感器的研究人员发现，单光束传感器因其本身存在缺陷，性能很差，他们迅速开发出双光束传感器，设置了参比波长和参比通道，将其与信号通道输出信号的比值来作为波导管中待测气体的浓度函数。通过设置参比，单光束传感器中大多数误差都被消除或显著抑制了。但即使有了这种改进，传感器信号输出不稳定或随时间漂移的缺陷仍然存在，直到近些年才彻底解决。

毫无疑问，现在的NDIR气体传感器使用偏吸收（AB）方法设计后，其输出信号漂移问题可以忽略不计，或者比以前的输出漂移程度低得多。AB设计方法旨在消除因光源的输出变化对传感器校准曲线产生的影响，从而抑制或消除传感器输出信号随时间的漂移问题。AB设计方法的性能已经通过实验室中的真实数据得到验证。然而，虽然配置AB设计的NDIR气体传感器可以解决光源发射随时间变化的影响，但它只能解决光源发射的问题，不能解决其他零件出现的问题。由于我们处理的是信号通道与参比通道输出信号的比值，因此两个通道的任何频谱或非频谱不平衡输出都将影响传感器的校准曲线，从而影响其检测结果。换句话说，随着时间的推移，如果信号通道零件的变化属性与参比通道零件的变化属性不同，则两个通道将存在不平衡。这种不平衡将导致两个通道输出信号的比值改变，从而导致传感器输出随时间变化或漂移。

以信号通道检测器和参比通道检测器的信号响应为例，假设随着时间的推移，可能是很长一段时间，信号通道检测器在滤光片特定波长的响应灵敏度比参比通道检测器的响应灵敏度下降得快，那么两个通道的信号比值将改变，并导致传感器的信号输出漂移。即使是含AB设计的NDIR气体传感器也无法消除或抑制这种漂移。

另外一种情况与红外光源（比如白炽灯）本身有关。随着光源的老化，其发射的光谱会发生变化，并能通过AB设计方法得到补偿。然而，也有可能随着时间的推移，可能是很长一段时间，光源的老化不仅表现在光谱的输出变化中，还会表现在钨的连续蒸发导致灯丝下垂。然而，光源灯丝的下垂会改变其物理辐射模式，这必将导致信号通道和参比通道产生非光谱不平衡，因为它们是物理隔离的。这种不平衡也不能通过AB设计方法来弥补，它会导致传感器的信号输出随时间漂移。

还有第三种情况，随着时间的推移，可能需要较长时间，由于长期暴露在细小的颗粒和水蒸气中，尽管有空气过滤器的保护，但信号通道波导的反射率会与参比通道波导的反射率降低的程度不同。这也会导致非光谱不平衡，使得传感器输出信号漂移，而且无法通过AB设计方法进行补偿。

总之，前面的讨论表明，世界上没有什么东西是完美无瑕的，包括NDIR AB设计的气体传感器。换言之，尽管AB设计的NDIR气体传感器会在很长的一段时间（几年甚至更长）内保持无漂移，但这些传感器在某些浓度范围内不会保持恒定无漂移（例如$\pm1\times10^{-4}$）。有时候，必须检查传感器的准确性是否仍在规定的范围内。面对这个世界上没有十全十美的现实，NDIR气体传感器AB设计方法的出现只是向完美迈进了一步。此外，在很长一段时间内，面对气体传感器信号输出的不稳定，人们习以为常，即使真的出现了信号稳定的传感器，一时半会儿也不会有人相信。直到信号稳定的气体传感器被广泛使用，用户才会觉得其性能值得信赖。现在，我们要从另外一个角度看待用户需求，现在的真正需求是快速、廉价且简单的方法来检查气体传感器的准确性，更重要的是，当发现它们不准确时，能通过简便的方法进行校准，而且要求这些操作成本都不高。

民众意识到，特别是暖通空调和制冷行业的，可能要很长时间才会认可AB设计的无信号漂移NDIR气体传感器，Wong在2011年（Wong，2011d；Wong et al., 2012a）公开了一种AB设计的NDIR气体传感器的新校准方法，这种方法简单易操作，且不需要使用标准气体。多年来，他凭借着对NDIR气体检测所蕴含物理学原理的深入理解，给AB设计的NDIR气体传感器校准曲线制定了一个特殊计算公式，该公式可识别两个不同的功能领域。

一个领域仅涉及该方法的物理检测部分，它使传感器的信号输出始终保持不变。另一个领域为传感器的配件组成部分，它负责传感器随时间变化的信号输出。此外，Wong引入了“Gamma”的概念，即当波导管中没有待测气体时，样品检测器与参比检测器信号输出的比值。由于Gamma与待测气体的检测性能无关，因此它仅代表传感器组件的可变域特性。通过Gamma对AB设计的NDIR气体传感器的实际校准曲线进行归一化（参见图5-1中的曲线19中的CO_2气体），Wong能够将两个功能域组合在一起，形成传感器的最终校准曲线（参见图5-3中的曲线20中的CO_2气体）。注意，当波导管中不存在待测气体时，图5-3中的曲线20总是以数值1开始的。

AB设计的NDIR气体传感器校准曲线的新公式，如图5-3检测CO_2气体的曲线20所示，使人们能够将NDIR气体检测原理的物理因素与传感器器件等随时间变化的影响因素区分开来。换言之，AB设计的NDIR气体传感器的校准曲线的任何变化仅体现在γ值的变化上，并不会体现在NDIR气体传感器检测的物理原理中，因此，该NDIR传感器被认为是稳定的。Wong的新校准方法（Wong，2011d）扩展了他之前公开的偏吸收方法（Wong，2011b），可用于设计制作NDIR气体传感器。首先将图5-3中检测CO_2的曲线20转换为波导管待测气体量P（$\times10^{-6}$）的曲线，并作为

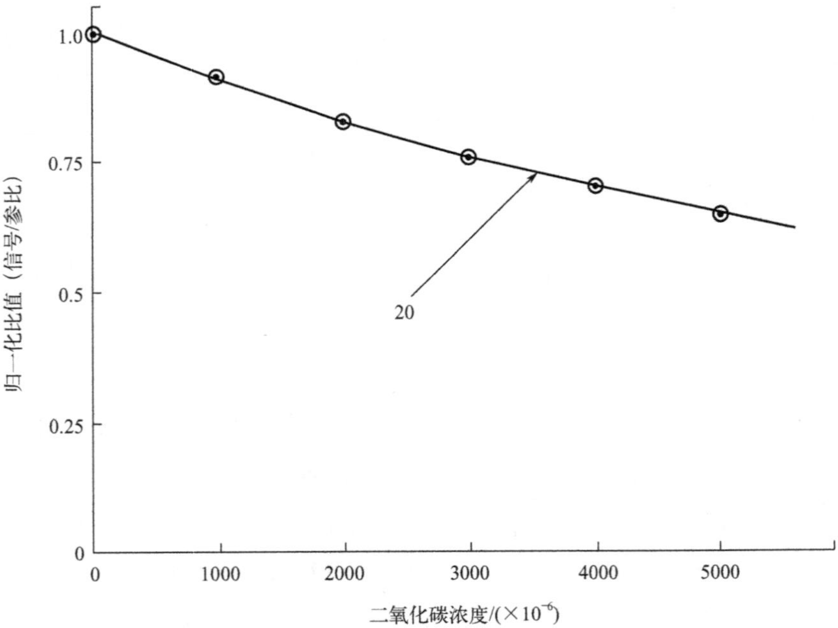

图5-3　偏吸收（AB）设计的NDIR气体传感器的“γ”归一化校准曲线

参数R的n阶多项式，其中R是信号通道检测器与参比通道检测器输出信号的归一化比值。

这是一个三阶多项式，在大多数应用中非常准确，该校准曲线变换可以用P（$\times 10^{-6}$）和γ来定量表示如下：

$$P=A_0+A_1\times R+A_2\times R^2+A_3\times R^3 \tag{5-1}$$

$$\gamma=V_{S0}/V_{R0}\text{（波导管中无待测气体）} \tag{5-2}$$

$$R=(V_S/V_R)/\gamma \tag{5-3}$$

式中，V_S和V_R分别为波导管中有CO_2（待测气体）时的信号通道和参比通道信号值。V_{S0}和V_{R0}分别为波导管中无待测气体时的信号通道和参比通道值。注意，在传感器校准曲线的变换中，式（5-1）和式（5-2）的P和γ分别表示该方法的物理原理部分和不可控因素的变量部分。但是，由于参数R是γ的函数[见式（5-3）]，当γ值随时间变化而未校正时，R会受影响，传感器的校准曲线也相应地发生变化，导致传感器信号输出漂移。然而，如果因为某种原因γ随时间的变化量已知，则R的值可以校正并恢复到原来的值，从而保留传感器的原始校准曲线，如式（5-1）所示。在这种情况下，传感器不会检测到信号输出漂移，并保持准确。

Wong的重新校准发明（Wong，2011d）扩展了他公开的用于设计NDIR气体传感器的吸收偏置方法（Wong，2011b）的附加步骤，以实现这种传感器重新校准简易、廉价的目标。首先，在不改变γ值的情况下，将P作为R的三阶多项式［如式（5-1）所示］转化为R作为P的三次多项式，如式（5-4）所示：

$$R=B_0+B_1\times P+B_2\times P^2+B_3\times P^3\text{，}\gamma\text{不变} \tag{5-4}$$

所有可以使用这种技术进行重新校准的AB设计的NDIR气体传感器，必须在其中央处理单元（CPU）的内存中写入两个多项式，即式（5-1）和式（5-4）。

以NDIR气体传感器检测CO_2为例，假设用三阶多项式的校准曲线进行校准，其系数为（A_0，A_1，A_2，A_3）和$\gamma=G_0$［参见式（5-1）和式（5-2）］。

随着时间的推移，传感器准确度下降，我们希望将它重新校准到原始精度。为此，必须首先制备二级标准品气体（本例中为CO_2），以便NDIR气体传感器能准确检测CO_2的浓度。然后，将待校准的传感器放在含有二级标准品气体的静止环境中（空间内没有风或空气流动），最好在小于1000ft^3（1ft=0.3048m）的空间内，这样就能确保传感器检测值与标准气体的浓度一致。通过二级标准气体的浓度被传输（通过有线或无线通信）到要校准的传感器。接收到这些信息后，待校准传感器通过确定R的值，并使用存储的校准曲线［式（5-1）］和G_0的γ值，将CO_2浓度和检测到的浓度值进行比较。如果气体浓度差别在一定的范围内（比如$\pm5\times10^{-5}$）时，将向二级标准气体发送信号，传达其检测结果良好且装置精确校准的信息。但是，如果比较的浓度差别超出范围，则该装置需要重新校准，并尝试自动重新校准，具体操作如下所述。

利用接收到的气体浓度值，首先尝试使用存储的反校准曲线［式（5-4）］计算相应的R值，即（B_1，B_2，B_3，B_4）。用新计算的R值、G_0的存储γ值和之前检测的气体读数不准确的R值，可以确定新的Gamma值G_N。将新的G_N值替换旧的$\gamma=G_0$，但保留原始校准曲线［式（5-1）］，即（A_0，A_1，A_2，A_3），则传感器进行了一次自动重新校准。

有几个因素至关重要，必须密切关注，以确保Wong的重新校准方法正确有效。第一个也是最重要的因素是确保在重新校准方法中使用的二级标准气体浓度必须是准确的。供应商应该以认证气瓶的方式对标准气体进行一次重新校准。使用本文所述的重新校准技术，可以很容易地在使用前对二级标准气体进行频繁校准。但是，二级标准气体是根据NDIR偏吸收方法设计的，它在大部分时间应该保持稳定，而使用一次标准的重新校准程序只是一个简单易行的精度检查程序。

需要密切关注的第二个因素是确保检测二级标准气体浓度的传感器和待校准气体传感器在检测精度范围内完全相同。为了实现这一点，在校准时，两个传感器所在的空气空间必须没有任何的空气运动。另一个需要采取的预防措施是确保在重新校准过程中不存在目标气源（例如，重新校准CO_2传感器时，来自技术人员呼出的CO_2气体）。

最后一个重要因素是，二级标准气体和待校准的传感器之间的通信（有线或无线）必须稳定，无任何干扰。待重新校准的传感器必须能检测到二级标准气体的确切浓度，然后才能正确地校准自身。通过无线或有线连接传输，一旦传感器接收到这些信息，它就可以自行启动重新校准程序。

这种重新校准可以是自动的，或者只有当传感器检测的气体浓度值与二级标准气体（例如，另一个NDIR气体传感器）浓度值之间的差异超过一定值时才开始校准。一旦启动自动校准程序，传感器就能显示是否真的进行了校准以及校准的结果。所校准的信息可以通过有线或无线传输到控制点（例如，监测多个传感器的计算机），存档（在内存中可以随时调看）或图片显示，这取决于设计者的选择和用户的专门需求。

Wong提出的NDIR气体传感器校准技术（Wong，2011d）

最大优点就是：它可以在指定空间或位置校准传感器，而无需使用标准气体，如100%干燥的氮气或二氧化碳（1×10^{-3}）与氮气混合气。相反，它只需知道待校准传感器所在的空间或位置的气体浓度。这种先进的校准技术简单易操作，节省了大量人力。同样，在调试、校准安装在商业建筑中的气体传感器时，也简化了校准条件（不需要标准气体）。

5.5
趋于完美：自动校准NDIR气体传感器

从以上讨论中可以看出，自20世纪50年代NDIR气体检测技术提出以来，我们在认识和开发NDIR气体检测技术方面取得了长足的进步。经过60多年的发展，AB方法设计的NDIR气体传感器解决了输出信号随时间漂移的问题，现在终于得以应用。此外，人们还拥有一项新颖的技术，可以简易、快速地在任何时间和地点对此类传感器进行校准，使其恢复到初始性能精度，甚至都不需要标准气体。AB方法设计的NDIR气体传感器的检测性能之所以能达到这么高的水平，是因为人们完全理解了这种气体检测技术所蕴含的物理原理。而已知的其他类型的气体传感器，无论基于什么技术或原理，都无法与AB设计的NDIR气体传感器在气体检测领域的表现相媲美。然而，没有什么是十全十美的，但只要有山要爬，有障碍要克服，就会有研究者们继续努力追求完美。NDIR气体检测技术的发展也不例外。

Wong发明了一种新的校准技术，可以简单、快速、轻松地恢复AB设计的NDIR气体传感器的检测精度（Wong,

2011d)，其中一项非常重要的应急措施是待校准传感器检测到的气体浓度值与校准标准气体浓度的主传感器检测到的目标气体浓度相同。为了确保总能满足这一条件，Wong在2012年（Wong，2012b）提出了使用空气棒的方法，在校准时，用空气棒将待校准传感器周边的空气样品抽到校准标准气体的主传感器气室中，并在校准程序中进行检测。空气棒安装在校准主控器内部，包括一个小型空气泵，其入口连接了一个6ft长的小孔伸缩管。由于待校准传感器周围的空气被直接抽送到主传感器的样品室中，因此主传感器周边的空气样品不会影响检测。

2011年，Wong（Wong，2011a）提出了NDIR气体传感器偏吸收设计方法的改进版本，旨在给信号通道和参比通道建立相同的波导管，以消除它们随时间推移导致的差异。由于两个通道共享相同的波导管，如前所述（见本章第5.4节），传感器组件随时间变化引起的差异将减到最低，并不会引起明显的信号输出漂移。Wong提出的新方法跟以前一样使用相同的窄带滤光片来检测信号通道和参比通道的待测气体。这样，两个通道受红外光源的光谱辐射相同，并不受传感器中的任何辐射因素的影响。当待测气体通过时，两个通道共享相同的波导管，参比通道的检测器用100%待测气体密封，而信号通道的检测器用100%的N_2密封。在这个过程中，参比通道对波导管中通过的待测气体几乎不响应，使得两个通道之间产生吸收偏置，从而通过校准两个通道的输出信号比值来检测目标气体浓度。

Wong在2012年（Wong，2012c）又大胆向前迈出了一步，发明了自调试NDIR气体传感器。这个发明是对他早期提出的AB设计方法的扩展（Wong，2011b）。在AB设计的NDIR气体传感器配置中，在信号通道和参比通道检测器旁边成对安装两个相同类型的检测器，每个检测器对待测气体具有相同的中性带通滤光片。这两个检测器被称为标准信号通道检测器和标准参比通道检测器。与AB设计的NDIR气体传感器的γ一样，“标准”γ独立于NDIR气体检测器的物理检测，仅取决于传感器组件的性能。然而，与γ不同的是，“标准”γ也与样品室中任意浓度的待测气体无关。因此，“标准”γ值可用于按比例校正和更新传感器的γ值，从而使AB设计NDIR气体传感器在初始校准后通过自动校准保持准确。

5.6 展望

在我们对NDIR气体传感器进行展望之前，首先必须定义这项技术怎样才是“完美”的。我们很早就知道，虽然NDIR气体检测技术是目前几十种检测技术中最好的技术之一，但它也有很多缺点。首先，该技术检测的不同气体的红外特征吸收的强度差异很大。例如，CO_2是红外吸收强度最大的气体之一，其吸光度值为0.4，而其他重要气体，如CO、O_3、NO，以及许多室内污染气体，如甲醛、苯、丙烯醛、乙醛等，其吸光度要小一个数量级（吸光度<0.01）。更糟糕的是，其中一些红外吸收较弱的气体对检测灵敏度的要求远高于那些中等至较强吸收特征的气体。因此，原则上，以$\pm 2.5\times10^{-5}$的灵敏度检测0 ～ 5×10^{-3}浓度范围内的CO_2气体简单易实现。然而，以$\pm 1\times10^{-6}$的灵敏度检测0 ～ 3×10^{-5}浓度范围内的浓度非常困难。以$\pm 5\times10^{-8}$的灵敏度检测0 ～ 5×10^{-7}浓度的臭氧几乎是不可能的。由于

NDIR气体检测是基于朗伯-比尔吸收定律［见第1章的式(1-1)］，因此这种情况下的补救措施有：①使用光程更长的波导管；②使用灵敏度高得多的红外检测器；③使用温度更高、发射面积更大和发射功率更高的红外光源。但是，使用这些弥补措施中的一种或多种将会改变NDIR气体传感器的尺寸、性能和制作成本。

其次，如上所述，使用NDIR技术时，待测气体的红外特征吸收强度应变化很大，特征波长不重叠，最好分散在整个2～20μm光谱区域内。这就限制了哪种类型的红外光源可以用于哪些气体，也限制了哪种类型的检测器可以检测哪种气体。例如，微型白炽光源（灯泡）体积小、亮度高、可靠、寿命长且价格低廉，几十年来一直是NDIR CO_2传感器最常用的光源。然而，许多红外特征吸收位于约4.5μm以上的气体，如CO、NO、NO_2、SO_2、O_3等，无法使用该光源，因为波长超过4.0μm时，灯泡外壳的透射率非常低。至于检测器，尽管热释电和热电堆等热检测器具有“白色”光谱响应，可以在整个2～20μm光谱区域用于气体探测，但通过其D^*检测的检测灵敏度仅适用于具有强吸收特征的气体。对于那些吸收特征弱得多的气体，必须使用其他类型且昂贵得多的探测器（见表5-1），每种探测器都有自己的光谱响应范围，必须涵盖待测气体的红外特征波长。

最后，尽管NDIR气体检测的理论基础是朗伯-比尔吸收定律，但实际检测的是光源和检测器之间待测气体分子的密度。光源和检测器之间的气路里待测气体分子越多，换言之，密度越高，则对光源特征波长的吸收越多，使检测器输出信号降低。因为对于固定体积的空间，气体密度是温度和压力的函数。因此，传感器的输出信号取决于其所处环境的温度和压力。对于NDIR气体传感器的一些设计，如AB设计的方法，温度影响可以忽略，或者很容易补偿。对其他原理的气体检测器来说，多以25℃为参考温度，每相差1℃，读数变化±1%。然而，任何传感器设计都不能忽略压力的影响。它的影响程度为海平面以上每mmHg（1mmHg＝133.3224Pa）压力变化对应读数变化0.18%。对于一些传感器设计，如AB设计的方法，这种压力因素的干扰可以使用内置压力转换芯片来自动补偿。

如上所述，不断完善发展NDIR气体检测技术无非是通过各种技术手段来规避弱点。通过充分利用各种技术，特别是微电子和集成电子、纳米技术、智能软件和高效处理器等领域的新技术，因此对相关科研人员来说，解决这种气体检测技术的弱点并不难，未来会推出更好的传感器。

可以看到NDIR气体检测技术仍在不断发展完善中。2011年，Wong（Wong，2011f）发明了一种安装在小罐中且很安全的NDIR气体传感器。这一努力使得AB设计的NDIR传感器朝着检测特殊气体的小型化传感器迈出了重要一步。在该发明中，AB设计的NDIR气体传感器集成在TO-5罐中，罐的直径约1cm，高约0.8cm，机械外壳。这种特殊的AB设计的NDIR气体传感器可检测煤矿内的甲烷或水蒸气阈值，以提供地下隧道爆炸或浸水的早期预警。这种传感器必须小巧、坚固、可靠、准确，信号稳定、低功耗、低成本且安全。

随着NDIR气体检测技术的不断发展完善，出现了一种重要检测设备——改进型火灾检测器，称为“Mcfa（多标准火灾报警器）”。火灾发生时，通过快速检测CO和CO_2气体以及烟雾，消除所有潜在误报，保护家庭免受CO的致命伤害，并自动显示功能故障（Wong，2011g）。通过前面的阐述，我们知道火灾传感器检测CO的灵敏度要达到$\pm 1\times 10^{-6}$确实是一项艰巨的挑战。然而，回顾这项技术60年的发展历程，见证它今天的成就，未来潜力无限!

展望未来，几年后，NDIR气体传感器将在整个暖通空调和火灾报警行业中广泛使用，许多专业的NDIR气体感应器被用于不同的领域中，检测不同气体。按照今天的标准来看，这种传感器耐用、廉价、准确。它们可能不需要校准，可能会很容易校准，甚至自动校准。它们将能连接到数据网络中，可以实时监测传感器性能，并将检测结果用于提高能源效率、挽救生命和改善人类生活。可以想象，NDIR气体传感器的设计发展会达到这个程度，相关人员会疑惑这个过程为什么需要这么久。罗马不是一天建成的。希望这本书能够推动这一天早日到来。

参考文献

Aoki et al. (1987), Gas analyzer with means for varying angle of incidence of light on interference filter, US Patent No. 4,662,755, May 5, 1987.

Avogradro, A. (1810), Journal de Physique, 73, 1810, pp. 58 – 76.

Bell, A. G. (1880), Upon the production of sound by radiant energy,

Bell, A. G. (1880), Upon the production of sound by radiant energy, AM J Sci., 20, 1880, pp. 305-324.

Blau, H. H. Jr. (1974), Gas analyzer, US Patent No. 3,811,776, May 21, 1974.

Burch et al. (1974), Dual cell non-dispersive gas analyzer, US Patent No.3,793,525, February 19, 1974.

Burough, I. G. et al. (1987), Method and apparatus for detecting gas, US Patent No. 4,709,150, November 24, 1987.

Eden, D. D. (1981), Optical modulation with vanadium oxide thin films, US Patent No. 4,283,113, August 11, 1981.

French, J. M. (1974), Gas analyzer, US Patent No. 3,811,776, May 21, 1974.

Hayes, T. J., Merrick, E. B. (1976), Continuous, non-invasive measurements of blood oxygen levels, Hewlett Packard J., 28, 1976, pp. 2-10.

Infrared Analysis, Inc. (1995), Infrared Spectra for Quantitative Analysis of Gases, Anaheim, CA 92801, 1995.

Jaffe, B. M. (2008), Infrared measurement of carbon dioxide in the human breath: breathe-through devices from Tyndall to the present day, Technology, Computing and Simulation, Vol. 107 No. 3, 2008, pp. 890-904.

Lampert, et al. (2001), Dynamic infrared sensor for automotive pre- vaporized fueling control, US Patent No. 6,237,575, May 29, 2001.

Leslie, J. (1804), Leslie's cube (named after Sir John Leslie who experimented with radiant heat in 1804), 1804.

Luft, K. F. (1943), 50 years NDIR gas analysis, Tm Technisches Messen, 60, 1943, pp. 363-371.

Maiden, A. J. (1985), Non-dispersive optical determination of gas concentration, US Patent No. 4,500,207, February 19, 1985.

Pembrook et al. (1975), Electronically compensated rotating gas cell analyzer, US Patent, No. 3,878,107, April 15, 1975.

Pfund, A. H., Gemmill, C. L. (1940a), An infrared absorption method for the quantitative analysis of respiratory and other gases, Bull Johns Hopkins Hosp, 67, 1940, pp. 61-65.

Schoennauer et al. (1989), Resonant piezoelectric chopper for infrared radiation, US Patent No. 4,850,697, July 25, 1989.

Sternberg et al. (1974), Method and system for the infrared analysis of gases, US Patent No. 3,790,798, February 5, 1974.

Thatcher, J. B. (1988), Apnea Monitor, US Patent No. 4,738,266, April 19, 1988.

Tse, C. W. et al. (2007), Low-cost noise-immune wireless methodology for demand control ventilation (DCV) applications, US Patent No. 7,239,625, July 3, 2007.

Tyndall, J. (1859), On the transmission of heat of different qualities through gases of different kinds, Proc. R Inst GB, 3, 1859, pp. 155-158.

Tyndall, J (1865), On radiation, The "Rede" lecture delivered in the Senate-House before the University of Cambridge on Tuesday, May 16, 1865, Longman, Green, Longman, Roberts & Green, London, 62 p.

Warmack et al. (2009), private communication.

Wong, J. (1986), Self-calibrating carbon dioxide analyzer, US Patent No. 4,578,762, March 25, 1986.

Wong, J. (1987), Non-dispersive gas analyzer having no moving parts, US Patent No. 4,694,173, September 15, 1987.

Wong, J. (1988a), Oxygen measurement using visible radiation, US Patent No. 4,730,112, March 8, 1988.

Wong J. (1988b), Compact apparatus for measuring absorption by a gas, US Patent No. 4,756,622, July 12, 1988.

Wong, J. (1989), High speed infrared shutter, US Patent No. 4,795,240, January 3, 1989.

Wong, J. (1991a), Spectral ratioing technique for NDIR gas analysis using a differential temperature source, US Patent No. 5,026,992, June 25, 1991.

Wong, J. (1991b), Simple fire detector, US Patent No. 5053,754, October 1, 1991.

Wong, J. (1991c), Gas sample chamber, US Patent No. 5,060,508, October 29, 1991.

Wong, J. (1992a), Rapid fire detector, US Patent No. 5,103,096,April 7, 1992.

Wong, J. (1992b), Gas sample chamber, US Patent No. 5,163,332, November 17, 1992.

Wong, J. (1993), Multi-channel gas sample gas chamber, US Patent No. 5,222,389, June 29, 1993.

Wong, J. (1994a), Functional testing method for toxic gas sensors, US Patent No. 5,335,534, August 9, 1994.

Wong J. (1994b), Diffusion-type gas sample chamber, US Patent No. 5,340,986, August 23, 1994.

Wong, J. (1994c), NDIR gas analysis using spectral ratioing technique, US Patent No. 5,341,214, August 23, 1994.

Wong, J. (1994d), Self-calibration of an NDIR gas sensor, US Patent No. 5,347,474, September 13, 1994.

Wong, J. (1995a), Gas sample chamber for use with a source of coherent radiation, US Patent No. 5,384,640, January, 24, 1995.

Wong, J. (1995b), Laser assisted quasi-blackbody radiation source, US Patent No. 5,408,101, April 18, 1995.

Wong, J. (1995c), Enhanced path length gas sample chamber, US Patent No. 5,414,264, May 9, 1995.

Wong, J. (1995d), NDIR gas sensor, US Patent No. 5,444,249, August 22, 1995.

Wong, J. (1995e), Enhanced pathlength gas sample chamber, US Patent No. 5,453,621, September 26, 1995.

Wong, J. (1996), Diffusion-type gas sample chamber, US Patent No. 5,502,308, March 26, 1996.

Wong, J. (1997a), False alarm resistant fire detector with improved performance, US Patent No. 5,592,147, January 7, 1997.

Wong, J. (1997b), Passive infrared analysis gas sensor, US Patent No. 5,650,624, July 22, 1997.

Wong, J. (1997c), Practical and improved fire detector, US Patent No. 5,691,704, November 25, 1997.

Wong, J. (1998), Passive and active infrared analysis gas sensors and applicable multichannel detector assemblies, US Patent No. 5,721,430, February 24, 1998.

Wong, J. (2007a), Passive NDIR gas sensor fire detector, US Patent No. 7,176,460, February 13, 2007.

Wong, J. (2007b), Passive NDIR carbon dioxide sensor fire detector, US Patent No. 7,186,979, March 6, 2007.

Wong, J. (2007c), Ultra low power NDIR carbon dioxide sensor fire detector, US Patent No. 7,214,939, May 8, 2007.

Wong, J. (2007d), Method for detecting a gas species using a super tube waveguide, US Patent No. 7,259,374, August 21, 2007.

Wong, J. (2008a), Simple multi-channel NDIR gas sensors, US Patent No. 7,329, 870, February 12, 2008.

Wong, J. (2008b), Ultra low cost NDIR gas sensors, US Patent No. 7,358,489, April 15, 2008.

Wong, J. (2011a), Saturation filtering NDIR gas sensing methodology, US Patent No. 8,003,944, August 23, 2011.

Wong, J. (2011b), Absorption biased NDIR gas sensing methodology, US Patent No. 8,143,581, March 27, 2012.

Wong et al. (2011c), Zero drift NDIR gas sensors, Sensor Review, Vol. 31, No. 1, 2011, pp. 70-77.

Wong, J. (2011d), Re-calibration methodology for NDIR gas sensors, US Patent No. 8,178,832, May 15, 2012.

Wong, J. (2011e), Calibration methodology for NDIR dew point sensors, US Patent No. 8,148,691, April 3, 2012.

Wong, J. (2011f), An intrinsically safe NDIR gas sensor in a can, US Patent No. 8,003,945, August 23, 2011.

Wong, J. (2011g), False alarm resistant and fast responding fire detector, US Patent No. 8,077,046, December 13, 2011.

Wong, J. et al. (2012a), Re-calibration methodology for NDIR Gas Sensors, accepted for publication in Sensor Review, Vol. 32-3, 2012.

Wong, J. (2012b), Air sampler for recalibration of absorption biased designed NDIR gas sensors, Attorney Docket No. RLA35. 167, Notice of Allowance to issue received June 4, 2012.

Wong, J. (2012c), Self-commissioning NDIR gas sensors, Attorney Docket No. RLA35. 168, Notice of Allowance to issue received May 31, 2012.

Yamada, Y. (1986), Gas analyzer with compact cell structure, US Patent No. 4,605,855, August 12, 1986.